奇妙的水资源

李俊◎改编

上海科学普及出版社

图书在版编目（CIP）数据

奇妙的水资源 / 李俊改编 . -- 上海 ：上海科学普及
出版社，2019
（玩转地理）
ISBN 978-7-5427-7461-3

Ⅰ．①奇…　Ⅱ．①李…　Ⅲ．①水资源－青少年
读物　Ⅳ．① TV211-49

中国版本图书馆 CIP 数据核字 (2019) 第 030994 号

责任编辑　吴隆庆

玩转地理
奇妙的水资源
李俊 改编

上海科学普及出版社出版发行

（上海市中山北路 832 号　邮政编码 200070）

http://www.pspsh.com

各地新华书店经销　北京兰星球彩色印刷有限公司印刷
开本 787mm×1092mm　1/16　印张 13　字数 180 千字
2019 年 4 月第 1 版　2019 年 4 月第 1 次印刷

ISBN 978-7-5427-7461-3　定价 29.50 元
本书如有缺页、错装或坏损等质量问题
请向出版社联系调换

前　言

　　从广义来说，奇妙的水资源是指水圈内水量的总体。而通常所说的水资源主要是指陆地上的淡水资源，如河流水、淡水、湖泊水、地下水和冰川等。陆地上的淡水资源只占地球上水体总量 2.53% 左右，其中近 70% 是固体冰川，即分布在两极地区和中、低纬度地区的高山冰川，还很难加以利用。目前人类比较容易利用的淡水资源，主要是河流水、淡水、湖泊水，以及浅层地下水，储量约占全球淡水总储的 0.3%，只占全球总储水量的 0.007%。据研究，从水循环的观点来看，全世界真正有效利用的淡水资源每年约有 9000 立方千米。

　　地球上水的体积大约有 13.6 亿立方千米，其中海洋占了 13.2 亿立方千米（约 97.2%）；冰川和冰盖占了 0.25 亿立方千米（约 1.8%）；地下水占了 0.13 亿立方千米（约 0.9%）；湖泊、内陆海和河里的淡水占了 25 万立方千米（约 0.02%）；大气中的水蒸气在任何已知的时候都占了 1.3 万立方千米（约 0.001%）。

　　水是生命之源，没有水就没有生命，水在人类文明发展史中，始终起着至关重要的作用。世界文明古国埃及、古巴比伦、印度和中国，无不是在大江大河流域中发展起来的。地球上难以计数的江河，就似无数天然输水管道，并且在江河流域往往会形成众多的湖泊、大片的湿地和丰富的地下水，为人类提供便于开发利用的水资源。

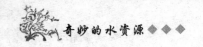

　　水作为一种不可或缺的珍贵资源，虽然总量是丰富的，但能够暂时被人类利用的却很有限，再加上近些年人口的激增，工农业的迅猛发展，还有人类短视的开发滥用，给这些可贵的水体造成了严重的污染，使其更显短缺和可贵，珍惜水源，爱护生命成为了世界环保主题。

　　本书从大处着眼，从小处入手，于细微处显灼见，配上百余幅生动珍贵的图片，定会让你获益匪浅。

目 录
Contents

水资源知多少

水资源的含义

　　水是宝贵的自然资源，也是自然生态环境中最积极、最活跃的因素。同时，水又是人类生存和社会经济活动的基本条件，其应用价值表现在水量、水质及水能三个方面。

珍贵的水

1

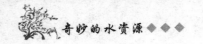

广义上的水资源指世界上一切水体，包括海洋、河流、湖泊、沼泽、冰川、土壤水、地下水及大气中的水分，都是人类宝贵的财富，即水资源。按照这样理解，自然界的水体既是地理环境要素，又是水资源。但是限于当前的经济技术条件，对含盐量较高的海水和分布在南北两极的冰川，目前大规模开发利用还有许多困难。

狭义水资源不同于自然界的水体，它仅仅指在一定时期内，能被人类直接或间接开发利用的那一部分动态水体。这种开发利用，不仅目前在技术上可能，而且经济上合理，且对生态环境可能造成的影响也是可接受的。这种水资源主要指河流、湖泊、地下水和土壤水等淡水，个别地方还包括微咸水。这几种淡水资源合起来只占全球总水量的 0.32% 左右，约为 1065 万立方千米。淡水资源与海水相比，所占比例很小，却是人类目前水资源的主体。

这里需要说明的是，土壤水虽然不能直接用于工业、城镇供水，但它是植物生长必不可少的条件，可以直接被植物吸收，所以土壤水应属于水资源范畴。至于大气降水，它不仅是径流形成的最重要因素，而且是淡水资源的最主要，甚至唯一的补给来源。

水资源特征

水资源的循环再生性、有限性

水资源与其他资源不同，在水文循环过程中使水不断地恢复和更新，属可再生资源。水循环过程具有无限性的特点，但在其循环过程中，又受太阳辐射、地表下垫面、人类活动等条件的制约，每年更新的水量又是有限的，而且自然界中各种水体的循环周期不同，水资源恢复量也不同，反映了水资源属动态资源的特点。所以水循环过程的无限性和再生补给水量的有限性，决定了水资源在一定限度内才是"取之不尽，用之不竭"的。在开发利用水资源过程中，不能破坏生态环境及水资源的再生能力。

时空分布的不均匀性

作为水资源主要补给来源的大气降水、地表径流和地下径流等都具有随机性和周期性，其年内与年际变化都很大；它们在地区分布上也很不均衡，有些地方干旱水量很少，但有些地方水量又很多而形成灾害，这给水资源的合理开发利用带来很大的困难。

利用的广泛性和不可代替性

水资源是生活资料又是生产资料，在国计民生中用途广泛，各行各业都离不开它。从水资源利用方式看，可分为耗用水量和借用水体两种。生活用水、农业灌溉、工业生产用水等，都属于消耗性用水，其中一部分回归到水体中，但量已减少，而且水质也发生了变化；另一种使用形式为非消耗性的，例如，养鱼、航运、水力发电等。水资源这种综合效益是其他任何自然资源无法替代的。此外，水还有很大的非经济性价值，自然界中各种水体是环境的重要组成部分，有着巨大的生态环境效益，水是一切生物的命脉。不考虑这一点，就不能真正认识水资源的重要性。随着人口的不断增长，人民生活水平的逐步提高，以及工农业生产的日益发展，用水量将不断增加，这是必然的趋势。所以，水资源已成为当今世界普遍关注的重大问题。

利与害的两重性

由于降水和径流的地区分布不平衡和时程分配的不均匀，往往会出现洪涝、旱灾等自然灾害。开发利用水资源目的是兴利除害，造福人类。如果开发利用不当，也会引起人为灾害，例如，垮坝事故、水土流失、次生盐渍化、水质污染、地下水枯竭、地面沉降、诱发地震等，也是时有发生的。水的可供开发利用和可能引起的灾害，说明水资源具有利与害的两重性。因此，开发利用水资源必须重视其两重性的特点，严格按自然和社会经济规律办事，达到兴利除害的双重目的。水资源不只是自然之物，而且

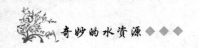

有商品属性。一些国家都建立了有偿使用制度，在开发利用中受经济规律制约，体现了水资源的社会性与经济性。

淡水资源

目前，地球上的淡水总量约为 3.8 亿亿吨，是地球总水量的 2.8%。然而，如此有限的淡水量却以固态、液态和气态的几种形式存在于陆地的冰川、地下水、地表水和水蒸气中，其比例分布是：

极地冰川占有地球淡水总量的 75%，而这些淡水资源几乎无法利用。

地下水占地球淡水总量的 22.6%，为 8600 万亿吨，但 1/2 的地下水资源处于 800 米以下的深度，难以开采，而且过量开采地下水会带来诸多问题。

河流和湖泊占地球淡水总量的 0.6%，为 230 万亿吨，是陆地上的植物、动物和人类获得淡水资源的主要来源。

南极冰川

大气中水蒸气量为地球淡水总量的 0.03%，为 13 万亿吨，它以降雨的形式为陆地补充淡水。由于陆地上的淡水会因日晒而蒸发，或通过滔滔江流回归大海，地球可供陆地生物使用的淡水量不到地球总水量的 0.3%，因此陆地上的淡水资源量是很紧缺的。

一个区域水资源总量，为当地降水形成的地表水和地下水的总和。由于地表水和地下水互相联系而又相互转化，因此计算水资源总量时，不能将地表水资源与地下水资源直接相加，应扣除相互转化的重复计算量。

　　我国全国多年平均地表水资源量为 27115 亿立方米，多年平均地下水资源量为 8288 亿立方米，扣除两者之间的重复计算水量 7279 亿立方米后，全国多年平均水资源总量为 28124 亿立方米。全国水资源利用分为 9 个一级区，北方 5 区多年平均水资源总量为 5358 亿立方米，占全国的 19%，平均产水模数为 8.8 万立方米/平方千米，水资源贫乏；南方 4 区多年平均水资源总量为 22766 亿立方米，占全国的 81%，平均产水模数为 65.4 万立方米/平方千米，为北方的 7.4 倍，水资源丰富。

海水资源

　　自古以来人们就逐水草而居。大约在 50 亿年前的原始地球，天空烈日似火，电击雷轰；地面熔岩滚滚，火山喷发。这种自然现象成了生命起源的"催生婆"。巨大的热能，促使原始地球各种物质激烈地运动和变化，孕育着生机。原始地球由于不断散热，灼热的表面逐渐冷却下来，原来从大地上"跑"到天空中去的水，凝结成雨点，又降落到地面，持续了许多亿年，形成了原始海洋。在降雨过程中，氢、二氧化碳、氨和甲烷等，有一部分被带入原始海洋；雨水冲刷大地时，又有许多矿物质和有机物陆续随水汇集海洋。广漠的原始海洋，诸物际会，气象万千，大量的有机物源源不断产生出来，海洋就成了生命的摇篮。

　　海洋面积占地球表面的 71%，如果将海洋中所有的水均匀地铺盖在地球表面，地球表面就会形成一个厚度 2700 米的水圈。所以有人说地球的名字起错了，应该叫作"水球"。

　　从各个半球来看，北半球海洋面积占北半球总面积的 61%，陆地面积占 39%；在南半球，海洋面积占总面积的 81%，陆地面积占 19%；在东半球，海洋面积占总面积的 65%，陆地面积占 35%；在西半球，海洋面积占总面积的 80%，陆地面积占 20%。所以，地球上任一半球中海洋面积均超

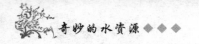

碧波万顷的海洋

过陆地面积。全球海陆面积之比约为 2.4：1。其次，从纬度来看，各纬度带上海洋与陆地面积的分布很不均匀，北纬 60°~70°之间陆地几乎连成一片，南纬 56°~65°之间三大洋连成一片，北极为海，南极为陆。

海水资源意即海洋资源，它包括海水化学资源、海洋生物资源，海底矿产资源、海洋动力资源和海洋空间资源。

海水化学资源

海水中所含各种盐类的总重量达 5 亿亿吨，总体积为 13.4 亿立方米。若将这些盐平铺在陆地上，陆地可以增高 150 米。海水中镁的储量为 1800 万亿吨，目前全世界每年从海水中提炼的镁产量已达 200 万吨。海水中还含有钾 500 万亿吨，重水 200 万亿吨，溴 95 万亿吨，都比陆地上储量多，铀储量为陆地上铀储量的 4500 倍。海水中还含有大量的其他元素，虽然它们的浓度不大，但由于海水的总体积如此庞大，因此这些元素的总储量仍然相当可观。例如海水中含锶 11 万亿吨，硼 6 万亿吨，锂 70 亿吨，铷 1600 亿吨。另外还有碘 820 亿吨，钼 137 亿吨，锌 70 亿吨，铝、钒、钡 27 亿吨，铜40亿吨，银5000万吨，金500万吨等。人类对海水中各种资源的开发正方兴未艾，有着极大的发展潜力。

海洋生物资源

地球上生物的总生产力为每年1540亿吨有机碳，其中1350亿吨产自海洋，在这1350亿吨有机碳中最主要的是浮游生物与甲壳动物。如海洋中生活着大量浮游藻类，约4500种，有红藻、绿藻、蓝藻、褐藻等。在藻类中大约有50种可供人类食用，如褐藻中的海带、裙带菜，红藻中的紫菜、石花菜等。有些可作为饲料或肥料。从藻类中还可提炼碘、溴等元素。海洋每年可生产水产品30亿吨（目前全世界渔获量仅7000万吨左右）。海洋中还有各种软体动物，如海参、乌贼、海蜇等均是营养价值极高的食品，甲壳动物中的对虾、龙虾、磷虾等也是珍贵的佳肴。脊椎动物中的鲸、海

海底生物

豚、海龟、海狮、海豹、海象等，也有相当数量可供人类利用。因此，海洋生物学家称海洋为人类最大的食品工厂，如能充分利用海洋中的各种蛋白质，将可满足人类的温饱。

海底矿产资源

石油和天然气是海底矿产资源中已被开采利用的最主要的资源。它们主要蕴藏在大陆架浅海地区。据估计，大陆架油气储量约为1500亿吨。由于陆地上石油资源日益枯竭，海洋油气的开采已迅速发展。1985年世界海上油气产量为6亿吨，占世界石油总产量的20%；2000年海上油气

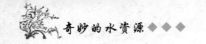

产量已占世界石油总产量的 35% ~ 40%。

当前，全世界有 30 多个国家和地区在近岸带和浅海地区开采滨海砂矿，包括金砂、铂砂、金刚石砂、铁砂、锡矿砂、重矿砂（金红石、锆石、独居石等）以及贝壳砂和石英砂等。其中产量最大的是石英砂矿和锡砂矿。

世界各大洋的深海盆地表层储藏着十分丰富的锰结核矿，总储量达 1 万亿 ~ 3 万亿吨，而且还以每年 1 吨的速度增长。锰结核矿中除富含锰、铁以外，还含有 30 多种金属元素。其中平均含锰 30%、铁 18%、镍 1% 和小于 1% 的钴、铜、铅，并含有某些稀有元素，如铍、铈、锗、铌、铀、镭、钍等。这些稀有元素在深海盆地表层的含量，要比海水中的含量高数千倍到一百万倍。

多金属硫化矿床是近几年来新发现的，它是富含铁、锰、铜、铅、锌、银、金等成分的深海软泥沉积物，所以也称深海软泥矿。经分析，有些软泥中含锌量超过 10%，含铜量达 4%，比陆地上铜锌矿的含量要高数十倍到数百倍，如红海"阿特兰斯"海渊上就堆积了 10 米厚的软泥矿，总量达 5000 万吨以上，其中含锌 290 万吨、铜 106 万吨、银 4500 吨和金 45 吨。

海洋动力资源

海水运动是永不止息的。海洋中的波浪、潮汐、海流以及海水的温度差、盐度差、压力差等能量均可用来发电。随着陆地上能源危机的日益加剧，世界各国竞相研究如何利用蕴藏在海洋中的多种动能。

据推算，全球海洋大约储有潮汐能 10 亿 ~ 27 亿千瓦，波能 10 亿 ~ 53 亿千瓦，海流能 10 亿 ~ 30 亿千瓦，温差能 10 亿 ~ 20 亿千瓦，浓度能 26 亿 ~ 35 亿千瓦。利用海洋能来发电既经济，又不占用土地，不受气候影响，也不污染环境，实为利用价值极高的取之不尽的动力资源。

目前，人类对潮汐能、波能、温差能的开发利用已进入实用阶段，特别是潮汐发电站已在世界各海洋国家广泛建立，如法国的朗斯潮汐电站、我国的江厦潮汐电站等已在运转。但对海流能、浓度能、压力能等尚未能进行开发利用，现仅停留在试验阶段。相信在不远的将来，对海洋能的利用会有新的突破。

海洋空间资源

世界人口激增，工业飞速发展，环境污染已十分严重，因此人类已开始向海洋进军，企图将海洋开发为人类生存的第二空间。美、英、法、日等国从1970年开始首先在水下建立为军事服务的海底水下实验室、水下军事设施、水下油库等。从1977年开始，法、英、美、日等国又相继建立水下民用建筑群（水下住宅、水下村等）。这些水下住宅配备有各种现代化生活、娱乐设施，使居住在海面以下的人们也拥有良好的生活环境。

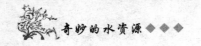

水资源的形成与分布

天然水的起源与形成

水是地球的一部分，水的发生和变化规律是地球历史起源和发展规律的一种表现，也就是说，水的起源与地球的起源密切相关。关于地球的起源问题，至今在认识上还存在着很大的分歧。所以，水的起源也只是有一系列的假说。学者们对全球大洋水的来源有32种假说，这些假说归纳起来可分成两类：

第一类假说认为，在初始的物质中存在一种 H_2O 分子的原始星云，类似于现在平均含水0.5%的陨石。

第二类假说指出，在星云凝聚成初始行星，在地球形成后才有形成水的原始元素——氢和氧。地球的形成是在距今6亿年以前漫长的天文时期。在星际空间的各个部位，几乎均匀地弥散无数的气体与尘埃，它们是冷却的星际物质，呈围绕太阳旋转的近平面圆环，各自缓慢地运动。此后，在天文时期里，这些星际物质在运动过程中由于气体的摩擦和彼此间无弹性地碰撞，尘埃运动的速度逐渐变小，且沉降于星云的中心平面上，从而，在此生成尘埃密度相对较大的盘状星云。盘状星云密度逐渐加大，变成薄盘时，发生破裂并生成浓聚的尘团。这些浓聚尘团又进一步变密加实，融

10

合成大量小天体，成群结队地飞旋于宇宙空间之中。科学家们已经查明，在现今的星际物质、宇宙线、银河系和太阳以及巨行星的化学成分中，氢元素（H）均占优势，氧（O）在某些星体的内部由于氢的"燃烧"所产生的物质（氮、碳）变异而成。在宇宙中，由于温度和压力值的变化范围很大，氢和氧可以在适宜的条件下化合，生成羟基（OH）。美国和澳大利亚的天文学家曾经在 1963 年发现，银河系核部具有强烈而广泛的 OH 吸收带，那里，羟基的浓度极大。在宇宙中，OH 进一步经过复杂的变化，可以生成许多其他分子和离子，如 H_2O，H_3O^+，H_2O^+，H_2O_2 等等。其中，水分子 H_2O 是最稳定的。由此可见，在气体—尘埃云弥散物质聚集的过程中，完全可能捕获这种聚合水分子。在地球形成阶段，当温度升高，内部脱气时，物质分异组成地球圈层，氢、氧从地球中部运移到它的边缘的过程中，由于物理作用和化学作用才形成 H_2O 分子。水流到年轻的地球表面，并与其他气体一起逸入大气圈。它的变化过程与现代火山喷发时所产生的事件相仿。当时，30 亿年前的火山活动比现在强烈、普遍和频繁。

假设，水圈增长均匀地进行，据科学家粗略统计，它的增长速度约为 0.6 立方米/年。在研究中，有若干资料说明大洋面近 1000 年内上升了 1.3 米。最新资料指出，大洋面在近 60 年（1900～1960 年间）内上升了 12 厘米。用这种速度推求出大洋面每 1000 年上升 2 米。如果取上述两者的平均值，每 1000 年则上升了 1.65 米。按照这样的速度计算，5 亿年内将出现一个非常惊人的数字，大洋的厚度将增长 83 千米。根据推测，近代洋面的异常增长速度可能是多种因素综合作用的结果，这些因素与气候变暖，造成冰川消退，水温升高，以及与地球内部水的增加有关。

在地球内部，地表及大气圈都可以产生新的水分子，事实上也正在产生新的水分子，而地球内部在矿物脱水时亦分解出 H_2O 分子。在一定温度条件下，由一氧化碳或二氧化碳与氢作用而合成水。例如在 1000℃ 时，

$$4CO + 2H_2 = 2H_2O + 2C + CO_2,$$

或在炽热情况下，

$$CO_2 + H_2 = CO + H_2O,$$

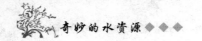

地球表面和地球大气圈里的碳氢化合物燃烧时，也形成原生水，

$$CH_4 + 2O_2 = CO_2 + 2H_2O。$$

比如，蜡烛、汽油、煤、陨石等燃烧时都会产生这一过程。

另外，"太阳风"把有重粒子（质子）的微粒带到大气圈里，而这些微粒在大气圈中与电子结合时便变成氢和氧的原子，并形成水。

根据荷兰的天文学家奥尔特的假设，认为地球水的主要来源是我们这颗行星的深层内部。地球内部是指岩石圈和上地幔。应当指出，岩石圈的全部物质一半是由硅组成。喷出岩和侵入岩平均含60%（40%~80%）的硅形成物，就是说，在我们研究的深度上硅酸盐占优势，而硅酸盐与水的相互作用是肯定的。

美国学者肯尼迪等人认为，岩石在熔化中完全混合时，含有硅酸盐75%，含水25%。这种现象与其说是硅酸盐在水中溶解，不如说是水在硅酸盐中溶解，水能够强烈地降低熔融体的黏滞性和熔化的温度。在此过程中，这种混合物能把大量硅酸盐从地球深部搬运到地表。美国学者的研究和威尔纳茨基地球化学的实验资料指出，熔融体中水的含量在压力为 1.5×10^8 帕、温度为10000℃时，钠长石中含水量占30%。

学者科尔任斯基认为，在上地幔的上层及中下层岩石圈里上升的溶液，可以从深部携带水、二氧化碳、碱金属、碱土金属和溶解于水中的其他成分。这是一种渗透过程，并与扩散作用形影相随。

在讨论天然水的化学成分时，应当注意，淡水是岩石圈表面最罕见的水，它只占地表水的2%。淡水中主要是重碳酸水，其次是硫酸水和氯化物水。岩石圈上层地下自由（重力）水总量的98%是矿化水、盐水和以氯化物为主的卤水（矿化度大于50克/升）。

近年，衣阿华大学物理学家路易斯·弗兰克提出："地球上的海水是从空间落下无数黑雪球溶化而成的。"该论点曾经引起怀疑，但在美国召开的地球物理协会会议上，来自欧洲和加拿大的研究报告支持了这一论断。

弗兰克以"探索者"1号卫星在1981~1986年搜集到的数据作为理论根据，通过紫外线光谱研究地球周围的大气，发现了许多无法解释的穿过大气层的空洞。弗兰克经分析，否定了许多解释后，断定这些空洞只能是空间雪球造成的，这些雪球表面有一层黑色的碳氢化合物，每块质量有100吨，每年有1000万块下落地球，在接近地球时破碎，然后在大气中急骤蒸发成水蒸气。最后水蒸气凝结成水，落到地球上。

地球上水的存在与分布

自然界的水有气态、液态和固态三种形态。一是在大气圈中以水汽的形态存在；二是在地球表面（或称地壳）的海洋、湖泊、沼泽、河槽中以液态水的形态存在，其中，以海洋贮存的水量最多，而冰川水（包括永久冻土的底冰）以固态的形态存在；三是在地球表面以下的地壳中也存在着液态的水，即地下水。地球上的水，正是指地球表面、岩石圈、大气圈和生物体内各种形态的水。大气圈水、岩石圈水和地表面水三者的比例为，大气圈水：岩石圈水：地表面水 = 1：10：100000。

通常所说的水圈就是包括海洋水、湖泊水、沼泽水、河水、冰川水、地下水、土壤水、大气水和生物水，并由这些水在地球上形成的一个完整的水系统。据估计，地球上水的总量约为 13.86×10^{15} 立方米，绝大部分分布于海洋中，约为 8.4×10^{15} 立方米，其中约有50%以上分布于地面以下1千米的范围内。地球上各种形态水的数量见下表。

地球水圈总水量

水的类型	分布面积 ($\times 10^4$ 平方千米)	水量 ($\times 10^4$ 立方千米)	水深 （米）	在世界水量中的	
				占总量	占淡水量
一、海洋水	36130	133800	3700	96.54%	—
二、地下水（重力水和毛管水）	13480	2340	174	1.7%	—
其中地下淡水	13480	1053	78	0.76%	30.1%
三、土壤水	8200	1.65	0.2	0.001%	0.005%

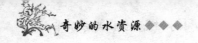
（续表）

水的类型	分布面积（×10⁴ 平方千米）	水量（×10⁴ 立方千米）	水深（米）	在世界水量中的 占总量	在世界水量中的 占淡水量
四、冰川与永久雪盖	1622.75	2406.41	1463	1.74%	68.7%
1. 南极	1398	2160	1546	1.56%	61.7%
2. 格陵兰	180.24	234	1298	0.17%	6.68%
3. 北极岛屿	22.61	8.35	369	0.006%	0.24%
4. 山脉	22.4	4.06	181	0.003%	0.12%
五、永冻土底冰	2100	30.0	14	0.222%	0.86%
六、湖泊水	206.87	17.64	85.7	0.013%	—
1. 淡水	123.64	9.10	73.6	0.007%	0.26%
2. 咸水	82.23	8.54	103.8	0.006%	—
七、沼泽水	168.26	1.147	4.28	0.0008%	0.03%
八、河床水	14880	0.212	0.014	0.0002%	0.006%
九、生物水	51000	0.112	0.002	0.0001%	0.003%
十、大气水	51000	1.29	0.025	0.001%	0.04%
水体总量	51000	138598.461	2718	100%	—
其中淡水量	14800	3502.921	235	2.53%	100%

地下水的形成与分布

岩性和构造是地下水形成的重要条件。岩石的空隙是地下水蓄存和运动的场所。在一定条件下，松散的砂砾层和裂隙发育的坚硬岩层中可积蓄大量水分，形成良好的含水层。结构致密、完整少缝的岩层（如黏土层、泥页岩等）常构成隔水层，使地下水不致向下流失。因此，上部含水层，下部为隔水层的构造是寻找地下水的重要条件。

　　含水层的富水程度还受地质构造的控制。例如岩石受挤压而破碎，裂隙增多，在断裂破碎带附近，常可形成良好的含水层。

　　在自然地理条件中，气候、水文和地形因素对地下水的影响最为显著。浅层地下水常受到当地气候的影响。在干旱地区，由于大气降水的渗入量很少，使地下水的盐度增加，成为高矿化度的地下水。在湿润地区，表层地下水接受大量大气降水和地表水的渗入，水量丰富，矿化度较低。在寒冷地区，地下水处于多年冻结状态，很少变动。

　　在沿海平原地区，由于受到海水的影响，地下水的含盐量较高。在山前平原、山麓冲积扇、洪积扇地区，地下水量较丰富。

　　地表水与地下水的形成有密切的关系，两者常互相联系和补充。如有的河流在雨季高水位时，河水补给地下水；而在干季低水位时，河水又得到地下水的补给。

　　人类经济活动对地下水的性质、储量和水位等有着重要影响。如工业废水对地下水的污染使水质恶化；修筑水库或进行灌溉，可增加对地下水的补给量，促使地下水位上升，大规模开采地下水，会使地下水位在大范围内逐年下降。例如，上海市由于对地下水的开采量逐

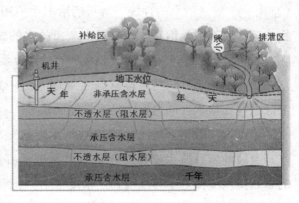

地下水构成示意图

年增多，曾发生区域性的地面沉降。近年来，采取向开采层回灌地面水的措施来控制地面沉降，这种方法也同时改变了地下水的温度和水质。

　　岩石的空隙虽然为地下水提供了储存的空间，但是水能否自由进出这些空间却与控制水活动的岩石性质有关。这些与地下水的贮存、运移有关的岩石性质称为岩石的水理性质。它主要包括容水性、持水性、给水性、透水性、毛管性等。

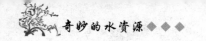

容水性 岩石容水性是指在常温常压条件下，岩石所具有的容纳外来液态水的性能。岩石的空隙以及孔隙之间相互连通（包括与外界的连通），易于排气，是岩石具有容水性的前提。岩石中所能容纳的水体积与岩石体积之比，称为岩石的容水度，以小数或百分数来表示。它表示岩石容水性的大小。当岩石的空隙完全被水所充满时，水的体积即等于岩石空隙的体积，所以，容水度往往小于空隙度。

持水性 岩石的持水性是指在重力作用下，岩石依靠分子力和毛管力，在岩石空隙中能保持一定量的液态水的性能。岩石的持水性大小用持水度来表示。持水度是指受重力排水后，岩石空隙中保持的最大水量与岩石总体积之比。岩石的颗粒大小对持水度影响很大，黏土、淤泥等持水度较高，粗砂、砾石的持水度很小。

给水性 岩石给水性是指饱和含水的岩石在重力作用下，能自由流出（排出）一定量的水的性能。岩石的给水性能用给水度来衡量。给水度是指在常温常压下，从饱和含水岩石中流出的水的体积与饱水岩石总体积之比。颗粒较粗的岩石给水度较大，细粒岩石给水度则较小。

岩石的给水性与持水性存在密切联系。一般来说，岩石的孔隙愈大或溶隙愈宽，给水性能愈好，持水性能则较差。

给水度在数值上等于容水度与持水度之差。粗粒松散的岩石以及具有张开裂隙的岩石持水度很小，给水度接近于容水度。黏土和具有闭合裂隙的岩石持水度接近于容水度，给水度很小。

透水性 岩石的透水性是指岩石本身允许水透过的性能。对岩石透水性起主导作用的是空隙的大小和连通程度以及空隙的多少。如果岩石的空隙大，水流所受阻力小，易于流动，就说明岩石的透水性好。卵石、粗砂以及裂隙、溶隙发育良好的块状岩石透水性最好，为透水层。黏土、页岩以及致密的块状岩石透水性最差，为隔水层。

毛管性 在松散岩石中存在着毛管孔隙，具有孔隙毛管作用的性质。由毛管力作用支持的水称为毛管水。这种水在自然条件下不能靠重力作用流出来。岩石中毛管作用的大小与毛管半径成反比。同时，还与温度、矿化度等因素有关。

大气降水是地下水的主要补给来源。大气降水到达地面以后，在分子力作用下，水被吸附在土壤颗粒表面，形成薄膜水。当薄膜厚度达到最大值后，水就脱离分子力的束缚而下渗，被吸入细小的毛管孔隙，形成悬挂毛管水。当包气带中的结合水及悬挂毛管水达到饱和时，土壤吸收降水的能力便显著下降。如果降水继续进行，在重力作用下，降水不断地下渗，就能补给地下水。降水的下渗强度用下渗率（毫米/时）表示。

地表江河湖海等水体的下渗也是地下水的重要补给来源。这种入渗补给取决于地表水体的水位与地下水位的关系。山区河流下切较深，河水水位常低于地下水位，河流起排泄地下水的作用。

河流下游或冲积平原地区，由于河流的堆积作用加强，河床位置较高，河水常补给地下水；特别在汛期水位上涨时，河水补给地下水的现象就更加显著。我国黄河下游河床高于地面，是有名的"地上河"，在该河段内，黄河水大量补给地下水，使河水量大减。当大气中的水汽压力大于土层中的水汽压力时，大气中的水汽就向土层中运移，直到两者的水汽压力相等。此时在土层中就形成凝结水。在沙漠和高山等昼夜温差大的地方，这种水汽凝结补给是地下水的主要来源之一。

此外，人类的经济活动，如修建水库、灌溉农田，城市、工矿生产和生活废水的排放等，也是地下水补给来源。为了更有效地保护和利用地下水资源，很多国家和地区采用人工回灌来补给地下水。

泉是地下水的点状排泄形式。在山区，由于河流的下切侵蚀强烈，基岩蓄水构造类型复杂，泉水的出露较多。山东济南市是有名的"泉城"，在市区2.6平方米范围内，分布有108个泉，总流量达8333立方米/时，成为市区的供水水源。

地下水通过地下途径直接排入河道或其他地表水体，是地下水的线状排泄方式，称为泄流。泄流只能在地下水位高于地表水位时出现。

当地下水埋藏较浅时，毛管顶部可以达到地面，通过地表土壤蒸发和植物蒸腾排泄，称为面状排泄。

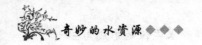

降水、地表水、地下水三水转化

降水是水文循环的重要环节，也是水资源的主要补给来源之一，一般降水多的地方水资源丰富，降水少的地方水资源匮乏。

地表之上的大气中的水汽来自地球表面各种水体水面的蒸发、土壤蒸发及植物散发，并借助空气的垂直交换向上输送。一般来说，空气中的水汽含量随高度的增大而减少。观测证明，在1500～2000米高度上，空气中的水汽含量已减少为地面的1/2；在5000米高度，减少为地面的1/10；再向上，

降水是重要的水文循环途径

水汽含量就更少了，水汽最高可达平流层顶部，高度约55000米。大气水在7千米以内总量约有12900立方千米，折合成水深约为25毫米，仅占地球总水量的0.001%。虽然数量不多，但活动能力却很强，是云、雨、雪、雹、霰、雷、闪电的根源。

地表之下储存于地壳约10千米范围含水层中的重力水，称为地下水。由于全球各地的地质构造、岩石条件等变化复杂，很难对地下水储量作出精确估算。从已发表的研究成果来看，储量大小之间可差一个数量级。现根据前苏联学者1974年所发表的研究成果，从地面至深达2千米的地壳内，地下水总储量为2340万立方千米。

土壤水是指储存于地表最上部约2米厚土层内的水。据调查土层的平均湿度为10%，相当于含水深度为0.2米，如果以陆地上土层覆盖总面积

8200 万平方千米计算，那么土壤水的储量为 16500 立方千米。地球表面生物体内的贮水量约为 1120 立方千米。

降水落在地表后，除了满足下渗、蒸发、截蓄等损失外，多余的水量即以地面径流的形式汇集成小的溪涧，再由许多溪涧汇集成江河。暴雨常常造成洪水，山洪、泥石流，给人类生命财产造成了很大危害。渗入土壤和岩石中的水分，大部分成为地下水，贮存于地下岩石的空隙、裂缝和岩溶之中，并以地下径流的形式，非常缓慢地流向低处或直接进入河谷，或溢出成泉，逐渐汇入江河湖泊，参与自然界的水分循环。由于降水是形成地表水和地下水的主要来源，所以把大气降水、地表水和地下水统称为三水。三水转换关系就是指大气降水、地表水和地下水之间，由于水的循环和流动性引起的单向或双向补给的转换关系。

我国水资源的形成与分布

我国地处西伯利亚干冷气团和太平洋暖湿气团进退交锋地区，一年内水汽输送和降水量的变化，主要取决于太平洋暖湿气团进退的早晚和西伯利亚冷气团的强弱变化，以及 7、8 月间太平洋西部的台风情况。我国的水汽主要来自东南海洋，并向西北方向移运，首先在东南沿海地区形成较多的降水，越向西北，水汽量越少。来自西南方向的水汽输入也是我国水汽的重要来源，主要是由于印度洋的大量水汽随着西南季风进入我国西南，因而引起降水，但由于崇山峻岭阻隔，水汽不能深入内陆腹地。西北边疆地区，水汽源于西风环流带来的大西洋水汽。此外，北冰洋的水汽，借强盛的北风，经西伯利亚、蒙古进入我国西北，因风力较大而稳定，有时甚至可直接通过两湖盆地而达珠江三角洲，但所含水汽量少，引起的降水量并不多。我国东北方的鄂霍次克海的水汽随东北风来到东北地区，对该地区降水起着相当大的作用。综上所述，我国水汽主要从东南和西南方向输入，水汽输出口主要是东部沿海。输入的水汽，在一定条件下凝结、降水

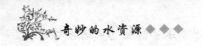

成为径流。其中大部分经东北的黑龙江、图们江、绥芬河、鸭绿江、辽河，华北的海河、黄河，中部的泯江、淮河，东南沿海的钱塘江、闽江，华南的珠江，西部的元江、澜沧江注入太平洋；西南有河经怒江、雅鲁藏布江等流入印度洋；新疆有河经额尔齐斯河注入北冰洋。一个地区的河流，其径流量的大小及其变化，取决于它所在的地理位置，以及在水分循环路线中外来水汽输送量的大小及季节变化，也受当地蒸发水汽所形成的"内部降水"的多少所控制。因此，要认识一条河流的径流情势，不仅要研究本地区的气候及自然地理条件，也要研究它在大区域内水分循环途径中所处的地位。

根据水汽来源不同，我国主要有 5 个水文循环系统。

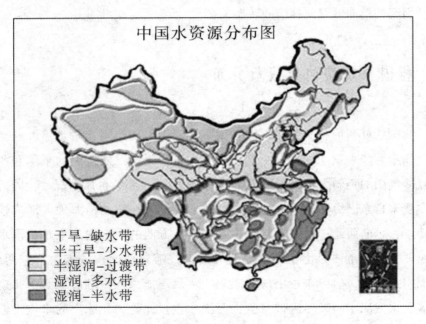

中国水资源分布图

干旱–缺水带
半干旱–少水带
半湿润–过渡带
湿润–多水带
湿润–半水带

我国水资源分布现状

太平洋水文循环系统

我国的水汽主要源于太平洋。海洋上空潮湿的大气在东南季风与台风的影响下，大量的水汽由东南向西北方向移动，在东南沿海地区形成较多的降雨，越向西北降水量越少。我国大多数河流自西向东注入太平洋，形成太平洋水文循环系统。

印度洋水文循环系统

来自西南方向的水汽也是我国水资源的重要来源之一。夏季主要是由于印度洋的大量水汽随着西南季风进入我国西南，也可进入中南、华东以至河套以北地区。但是由于高山的阻挡，水汽很难进入内陆腹地。另外，来自印度洋的是一股深厚潮湿的气流，它是我国夏季降水的主要来源。印度洋输入的水汽形成的降水，一部分通过我国西南地区的一些河流，如雅鲁藏布江、怒江等汇入印度洋，另一部分则参与了太平洋的水文循环。

北冰洋水文循环系统

北冰洋水汽经西伯利亚、蒙古进入我国西北部，有时可通过两湖盆地直到珠江三角洲，只是含水汽量少，引起的降水量不大。

鄂霍次克海水文循环系统

在春季到夏季之间，东北气流把鄂霍次克和日本海的湿、冷空气带入我国东北北部，对该区降水影响很大，降水后由黑龙江汇入鄂霍次克海。

内陆水文循环系统

我国新疆地区，主要是内陆水文循环系统。大西洋少量的水汽随西风环流东移，也能参与内陆水文循环。此外，我国华南地区除受东南季风和西南季风影响外，还受热带辐合带的影响，把南海的水汽带到华南地区形成降水，并由珠江汇入南海。

降水是地表水、土壤水、地下水的总补给来源，是水量平衡三要素（降水、蒸发与径流）之一，在水文水资源的分析与计算中占有重要地位。

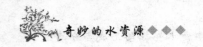

我国降水的时空分布主要受上述 5 个主要的水文循环系统及其变化的控制，加之诸多小循环的参与，呈现出极不均匀的现象。在我国，降水是水资源的主要补给来源，因此水资源的时空分布与降水的时空分布关系较为密切。降水多的地区水资源丰富，降水少的地区水资源匮乏。

我国年降水量的地区分布，大体上由东南向西北减少。这是因为我国西北地区伸入亚欧大陆的中心，东南濒临世界最大的海洋——太平洋，大部分地区盛行季风。因此，东南湿润，西北干旱。台湾省的基隆，年降水量曾达 3660 毫米，位于新疆塔里木盆地东南角的若羌，年降水量仅 15.6 毫米。

我国降水量的季节分布特点是大部分地区集中在夏季，冬季雨量最少。雨热同季，为农业生产提供了良好的条件。长江以南地区，多雨期为 3 ~ 6 月或 4 ~ 7 月。正常年份最大 4 个月降水量占全年降水量的 50% ~ 60%。华北和东北地区雨季为 6 ~ 9 月。正常年最大 4 个月雨量占全年降水量的 70% ~ 80%。西南地区雨季为 5 ~ 10 月，最大 4 个月雨量占全年的 70% ~ 80%。

我国水资源受降水影响，其时空分布具有年内、年际变化大以及区域分布不均匀的特点。

按照年降水和年径流的多少，全国大致可划分为水资源条件不同的 5 个地带：

（1）多雨—丰水带　年降水量大于 1600 毫米，年径流深超过 800 毫米，年径流系数在 0.5 以上。包括浙江、福建、台湾、广东等省的大部分地区，广西东部、云南西南部、西藏东南隅，以及江西、湖南、四川西部的山地。其中台湾东北部和西藏东南的局部地区，年径流深高达 5000 毫米，是我国水资源最丰富地区。

（2）湿润—多水带　年降水量 800 ~ 1600 毫米，年径流深 200 ~ 800 毫米，年径流系数为 0.25 ~ 0.5。主要包括沂沭河下游和淮河两岸地区，秦岭以南汉水流域，长江中下游地区，云南、贵州、四川、广西等省区的大部分及东北的长白山区。

（3）半湿润—过渡带　年降水量400～800毫米，年径流深50～200毫米，年径流系数0.1～0.25。包括黄淮海平原，东北三省、山西、陕西的大部分，甘肃和青海的东南部，新疆北部和西部山地，四川西北部和西藏东部。

（4）半干旱—少水带　年降水量200～400毫米，年径流深10～50毫米，年径流系数在0.1以下。包括东北地区西部，内蒙古、宁夏、甘肃的大部分地区，青海、新疆的西北部和西藏部分地区。

（5）干旱—干涸带　年降水量小于200毫米，年径流深不足10毫米，有的地区为无流区。包括内蒙古、宁夏、甘肃的荒漠和沙漠，青海的柴达木盆地，新疆的塔里木盆地和准噶尔盆地，西藏北部羌塘地区。

由于降水、地表水和水文地质条件的不同，我国平原地区地下水资源的差异也很大。水资源通常以丰枯变化规律反映多年变化过程，以极值比表示年际变差幅度。

（1）丰枯变化规律　根据全国53个有长系列年降水和年径流资料的测站的模比系数差积曲线分析，全国水资源丰枯变化规律大致可归纳为3种类型：

①有比较明显的60～80年长周期。属于这一类测站最多，约占分析站数的58%，其特点是上升段和下降段很长，一般为25～35年。在地区上南北方不同步，大致相差半个周期，北方处于上升段，南方则为下降段，北方处于下降段，南方则为上升段，反映了全国时常出现的南涝北旱或北涝南旱的规律。

②有比较明显的30～40年短周期。属于这一类的测站甚少，约占分析站数的10%，其特点是上升段和下降段短，一般为15～20年。

③没有明显的周期性变化规律。这一类特点是上升段和下降段很短，而且无规律的出现。属于这类的测站约占分析站数的32%。

（2）极值比　系列中最大值与最小值的倍比值，称为极值比（K_m），可以作为反映降水、径流年际变幅的指标。年径流极值比除了受气候因素影响外，还与下垫面条件和流域面积大小有密切关系，它的分布规律与年

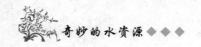

降水有些差别。

河川年径流量的季节变化取决于河流的补给条件。按照河流补给情况，全国大致可分为3区：

①秦岭以南主要为雨水补给区，河川径流量的季节变化主要受降水季节分配的影响，夏汛比较突出。因流域的调节作用，河流少雨季节一般比多雨季节滞后1个月左右。

②东北地区、华北部分地区、黄河上游和西北一些河流，为雨水和冰雪融水补给区，有春、夏两次汛期，年径流过程线呈双峰型。但一般春汛水量不大，多数河流占年径流量的5%左右，少数超过10%。

③西北内陆地区的祁连山、天山、阿尔泰山、昆仑山以及青藏高原部分河流，主要由高山冰雪融水补给，径流量的变化与气温有密切关系，年内分配比较均匀。

我国是一个多湖泊的国家，面积在1平方千米以上的湖泊有2300多个，湖泊总面积7.2万平方千米，约占国土总面积的0.8%。湖泊储水总量7088亿立方米，其中淡水储量2260亿立方米，占湖泊储水总量的31.9%。

我国外流区湖泊以淡水湖为主，湖泊面积3.7万平方千米，储水量2145亿立方米，其中淡水储量约1805亿立方米，在内陆河区，湖泊面积约4.11万平方千米，储水量4943亿立方米，其中淡水储量455亿立方米。内陆水区除青藏高原尚分布一些淡水湖泊外，其他多为咸水湖或盐湖。

按湖泊的地理分布，可分为5个主要湖区：青藏高原湖区、东部平原湖区、蒙新高原湖区、东北平原及山地湖区、云贵高原湖区。其中西藏自治区最多，有湖泊700多个。我国最大的高原湖泊青海湖自成湖至今，水位已下降了100多米。有的湖泊甚至已经消失，如罗布泊、台特马湖等。

我国还是世界上中低纬度山岳冰川最多的国家之一。现代冰川主要分布在西藏、新疆、青海、甘肃、四川和云南等6省区。据有关统计资料表明，我国冰川总面积约为5.87万平方千米，相当于全球冰川覆盖面积1620万平方千米的0.36%。我国冰川规模的大小及分布很不均匀，西藏境内的冰川面积最大，占全国冰川面积的47%；其次是新疆，占44%；其余9%分布在青海、甘肃等省区内。全国冰川61%的面积分布在内陆河区。

我国冰川储量51322亿立方米，年均冰川容水量约563亿立方米，此部分水量是河川径流的组成部分。西藏的冰川水资源量最多，约占全国冰川水资源总量的60%；其次是新疆，约占34%；青海、甘肃等约占6%；分布在内陆河区的冰川水资源约为236亿立方米，占内陆河水资源总量的20%，是内陆河水资源的重要组成部分。

干旱区河川径流量中冰川融水所占比重较大，一般在50%左右。冰川融水补给比较稳定，使得西北干旱区河流的流量较北方其他河流流量稳定。

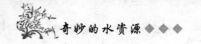
水循环

自然界水循环

在自然因素与人类活动影响下，自然界各种形态的水处在不断运动与相互转换之中，形成了水文循环。水循环是指地球上各种形态的水在太阳

水文循环图

辐射、地心引力等作用下，通过蒸发、水汽输送、凝结降水、下渗以及径流等环节，不断地发生转换的周而复始的运动过程。

形成水文循环的内因是固态、液态、气态水随着温度的不同而转移交换，外因主要是太阳辐射和地心引力。太阳辐射促使水分蒸发、空气流动、冰雪融化等，它是水文循环的能源，地心引力则是水分下渗和径流回归海洋的动力。人类活动也是外因，特别是大规模人类活动对水文循环的影响，既可以使各种形态的水相互转换和运动，加速水文循环，又能抑制各种形态水之间的相互转化和运动，减缓水文循环的进程。但水文循环并不是单一的和固定不变的，而是由多种循环途径交织在一起，不断变化、不断调整的复杂过程。

大循环、小循环

按水分循环的过程可将水循环分为大循环（或称海陆循环）与小循环（包括海循环和陆循环）。

海陆之间的水分交换称为大循环。由于海陆分布不均匀与大气环流的作用，构成了地球上水的若干个大循环，这些循环随季节有所变动。在大循环过程中交织着一些小循环。由海洋面上蒸发的水汽，再以降水形式直接落到海洋面上，或从陆地蒸发的水汽再以降水形式落到陆面上，这种循环为小循环。在太阳光照及重力的作用下，地球上的水，由水圈进入大气圈，经过岩石圈表层（以及生物圈），再返回水圈，如此循环往复。水循环的上限大致可达地面以上 16 千米的高度，即大气的对流层，下限可达地面以下平均 2 千米左右的深度，即地壳中空隙比较发达的部分。

在水分循环过程中，天空、地面与地下的水分，通过降水、蒸发下渗、径流等方式进行水分交换，海洋水与陆地水也进行水分交换。海洋向陆地输送水汽，而陆地水形成径流注入海洋。河流中的水，日夜不停地注入海洋，其来源主要是天空中的降水，而形成降水的天空水汽，主要靠地球表面的蒸发。如果大陆上的降水量的蒸发量和降水量相同，便没有多余的水量注入海洋，由此可见，大陆上的降水量要比蒸发量大。这些多余的水汽

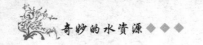

量显然是从海洋上来的，因而海洋上的蒸发量必然比降水量大，才能有多余的水汽输送到大陆，而大陆产生径流注入海洋，这才能构成海陆间的水文循环。

海洋向大陆输送水汽并不是单方面的，而是海陆水汽交换的结果。从海洋上蒸发的水汽借助气流带向大陆，而大陆上蒸发的水汽又随着气流被带向海洋，前者比后者大，因此，海洋向大陆的有效水汽输送量为两者之差。据估计这部分水汽，大约只占海洋蒸发量的8%。在海陆水文交换构成水分循环的过程中，并不是一成不变的水的"团团转"，而是由无数个蒸发—降水—径流的小循环交织而成。由于地面受太阳辐射强弱的不同及地理条件的差异，造成了水循环在各地区和不同年份都有很大的差别，也形成了多水的湿润地区和少水的干旱地区，每个地区在时程上也存在着洪涝年份和干旱年份的差别。

内陆水文循环

从海洋蒸发的水汽，其中一部分被气流带至大陆上空，遇冷凝结降雨，在海洋边缘地区，部分降雨形成径流返回海洋；部分水汽则蒸发上升，随同海洋输送来的水汽被气流带往离海洋较远的内陆地区上空，遇冷凝结降雨，其中一部分形成径流，一部分蒸发上升，继续向内陆推进循环。这样愈向内陆水汽愈少，直至远离海洋的内陆，由于空气中水汽含量很少而不能形成雨雪。这种循环过程称为内陆水文循环，又称大陆上局部地区的水文循环。

这种局部地区的水分循环对降水的形成和分布具有相当重要的作用，对河川径流等水文现象有着重要的影响。在局部地区的水分循环过程中，水汽不断地向内陆输送，但越往内陆，输送的水汽量越少，这是因为有部分水汽变成径流，最终将流入海洋，对内陆水分循环不起作用。也就是说，从海洋吹向大陆的水汽因沿途损耗而越来越少。所以，远离海洋的内陆腹地往往比较干旱，降水量较少，径流量也较小。从陆地蒸发的水分，一部分将借助气流向内陆移运，但这部分水汽量往往并不大。气候潮湿水量丰富的地区，蒸发量较大，水分循环也比较旺盛和活跃。与不活跃地区相比，降水量将增大。活跃的水分循环不仅对本地区的内部降水，而且对相邻地区的水汽输送都是很有利的，使水分有可能较多深入内陆腹地，形成该处较大河流。

影响水文循环的因素很多，但都是通过对影响降水、蒸发、径流和水汽输送而起作用的。归纳起来有三类：

（1）气象因素：如风向、风速、温度湿度等；

（2）下垫面因素：即自然地理条件，如地形、地质、地貌、土壤、植被等；

（3）人类改造自然的活动：包括水利措施、农林措施和环境工程措施等。

在这三类因素中，气象因素是主要的，因为蒸发、水汽输送和降水这三个环节，基本上决定了地球表面上辐射平衡和大气环流状况。而径流的具体情势虽与下垫面条件有关，但其基本规律还是决定于气象因素。下垫面因素主要是通过蒸发和径流来影响水分循环。有利于蒸发的地区，往往水分循环很活跃，而有利于径流地区，则恰好相反，对水分循环是不利的。人类改造自然的活动，改变了下垫面的情况，通过对蒸发、径流的影响而间接影响水分循环。水利措施可分为两类：一个是调节径流的水利工程如水库、渠道、河网等；另一个是坡面治理措施如水平沟、鱼鳞坑、土地平整等。农林措施如坡地改梯田、旱地改水田、深耕、密植、封山育林等。修水库以拦蓄洪水，使水面面积增加，水库淹没区原来的陆面蒸发变为水面蒸发，同时又将地下水位抬高，在其影响范围内的陆面蒸发也随之增加。此外，坡面治理措施和农林措施，也都有利于下渗，有利于径流。在径流减小、蒸发加快后，降水在一定程度上也有所增加，从而促使内陆水循环的加强。

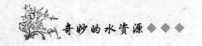
地球水圈及全球水循环

地球在地壳表层、表面和围绕地球的大气层中存在着各种形态的，包括液态、气态和固态的水，形成地球的水圈，并和地球上的岩石圈、大气圈和生物圈共同组成地球的自然圈层，水圈和岩石圈、大气圈和生物圈相互作用，并且存在于其他圈层之中。水圈中的水在太阳能的作用下，不断交替转化，并通过全球水文循环在地球表层及大气中不断运动。因此，水圈是地球圈层中最活跃的圈层。

在地球的形成过程中，由于地球表面温度逐渐降低而在地球表面积蓄了大量液态水，形成水圈。水圈中的水由于地球表面各地温度的差异，大部分以液态形式积存于地壳表面低洼的地方，就是海洋；有相当一部分以固态形式即冰雪存在于地球的南北两极地以及陆地的高山上；或仍以液态形式存储于地壳陆地部分上层，即地下水；或在陆地表面水体如河流、湖

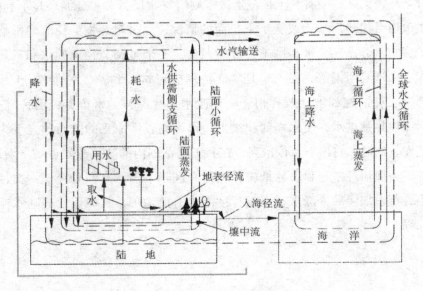

全球水文循环示意图

泊等，即陆面水；在围绕地球的大气层中仍有部分的气态水，即以水汽形式存在的大气水；以及在地球上一切动植物体内作为其组成部分存在的生物水。

地球上水的绝大部分存在于海洋。今日的海洋覆盖地球表面积的71%，水量占地球水总储量的96.54%，而陆地面积只占地球表面积的29%，且南北两极特别是南极洲大陆全部为冰雪所覆盖。海洋表面从太阳获得能量，水分通过蒸发逸入大气，并通过大气环流在地球上空扩散到海洋和陆地上空，在一定的条件下凝结，并以降水形式回到地球表面。在陆地表面因降水产生径流，或直接从地表汇流回归入海，或通过地表层的蓄滞但最后仍回归入海，这样就形成水在海洋和陆地之间的循环运动。此外，由海洋蒸发的水汽在空中凝结后，直接又以降水形式回落到海洋；还有陆面上的部分降水在陆地表面形成水体，以及植物截留，通过土壤及植被的蒸腾。使陆面上的水分直接返回大气，再凝结以降水形式返回陆面。水在各类生物的组成中占有重要位置。陆上生物以各种形式摄取水分，并以蒸发或排泄形式使水分回归大气或海洋，是陆地小循环的组成部分。

水循环是自然界中水的广泛运动形式。既然是运动，就需要有能量。在自然界中，不消耗能量的运动是没有的。那么作为地球上重要的循环之一的水循环所需要的巨大能量来自何方呢？简单地说，这巨大的能量主要是来自太阳。我们知道，太阳距离地球是比较遥远的（平均距离约为1.5亿千米）。但是，主要是由炽热气体氢和氦构成的太阳，其内部在高温高压下一直发生着氢原子核聚变为氦原子核的核聚变反应，从而使太阳损失不大的质量，能够在亿万年的漫长岁月里源源不断地释放出巨大的能量。太阳中心的温度高达1500万℃，即使太阳的外部——表面和大气层也有很高的温度。太阳这巨大的能量是以电磁波的形式向宇宙空间瞬息不停地放射着，这称之为太阳辐射。由于太阳表面的温度很高，使太阳的辐射能主要集中在波长较短的可见光部分，为此，我们又把太阳辐射称为短波辐射。太阳辐射中，仅有极微小部分（约为1/20亿）到达地球，但这已经是很大的能量了，它相当于太阳每分钟向地球输送燃烧4亿吨烟煤所产生的热量。

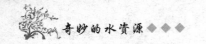

实际上，太阳放射到地球上的能量，并未全部到达地球表面，在穿过地球"外衣"——厚厚的大气层时，被大气吸收了约1/5。就是到达地球表面的太阳辐射，也没有被地面全部吸收，有相当部分又被地面和大气反射到茫茫浩空之中。真正被地球表面所吸收的太阳辐射能还不到太阳向地球输送能量的1/2。然而，就是这些能量，对地球来说就足够了，并且甚至可以说恰到好处。太阳为地球的繁荣昌盛，为自然界中包括水循环在内的大大小小的循环运动，提供了毫无代价的能源。

由于受太阳的辐射，茫无际涯的海洋表面的水（或冰、雪），获得热能后，产生足够的动能，由液相的水（或固相的冰、雪），变为气相的水汽。这水汽随大气流运行，被输送到大陆上空。在一定条件下，水汽凝结，形成降水。降落到地面的水，部分蒸发，返回大气；部分在重力作用下，按"水往低处流"的规律，或沿地面流动，形成地表径流；或渗入地下，形成地下径流。这两种径流经过河网汇集及海岸排泄，返回海洋。从而实现了海洋与陆地之间的这种最重要的水循环运动。

总之，在这海洋与陆地之间的水文大循环过程中，海洋蒸发量总是大于降水量，而陆地蒸发量总是小于降水量，从而才产生了海、陆之间的水分交换。大气在水循环过程中，起到了绝无仅有的运输载体的关键作用；地球引力又是水循环能够在自然界中得以进行的"有功之臣"。

水循环有着巨大无可替代的意义，水循环运动无论从其广泛性还是从其重要性来说都是无与伦比的。这种循环运动，使地球上所有水体的水都或多或少、或快或慢、无时无刻地参与进行着。水循环在自然界的四大圈层内的运行过程中，起到了联系四大圈层的纽带作用，并在它们之间进行着能量转换；同时因水在运动中携带溶解物质和不溶的泥沙等，从而使物质迁移。尤为重要的是，由于水循环运动，使大气降水、地表水、地下水等之间不停地相互转化，因而使水资源形成不断更新的统一系统，并且始终保证了地球上淡水与咸水之间在数量方面相对稳定的比例关系。

水是生命之母。请设想，如果没有水循环，地球上有水的地方将永远是汪洋一片或冰天雪地，无水的地方将永远是无比的干燥，那云、雾、雨、

32

雪等必要的、丰富多彩的天气现象也就自然不会发生。生物能够生存的空间将十分狭小，广大陆地将是绝对荒凉的不毛之地，因为不仅没有飞禽走兽之类的动物，也不会有千姿百态的植物，即使那极其微小的微生物也难以生存……

由于地球上水的循环，将地球上"四大圈层"中所有水资源都纳入一个连续地、永不休止的循环之中，从而使水成为地球上唯一一种世界性的不断更新的资源，也是我们这个星球——地球上唯一一种能够自然恢复的物质。根据苏联学者弗·格·格鲁什科夫首先认识并提出的地球上天然水的统一性理论，就可以计算出地球上各种水体更换的周期（更换一次所用的时间）。

例如，大气中总含水量约为 12900 立方千米，而全球年降水总量约为 577000 立方千米，577000/12900 ≈ 44，就是说，大气中的水，平均每年可以与降水转化更换约 44 次。一年 365 天，除以 44 次，可知大气中的水大约 8 天就可以更换一次。海洋是最大的水体，约占地球上总水量的 97%，约为 133800 万立方千米，而每年从海洋面蒸发约 50.5 万立方千米的水，这样看来，海洋水要更换一次，最少约需 2600 年（133800/50.5）。但它还不是地球上更换时间最长的水体。地球上更换时间最长的水体是极地冰川和常年雪盖，约需 10000 年才能更换一次。

降水、蒸发、输送、下渗、径流

降　水

降水是自然界中发生的雨、雪、露、霜、霰、雹等现象的统称。其中以雨、雪为主，就我国而言更以降雨最为重要。

降水是水循环过程的最基本环节，又是水量平衡方程中的基本参数。降水是地表径流的本源，亦是地下水的主要补给来源。降水在空间分布上的不均匀与时间变化上的不稳定性又是引起洪、涝、旱灾的直接原因。所

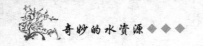

以在水文与水资源学的研究和实际工作中，都十分重视降水的分析与计算。

降水（总）量

降水总量是指一定时段内降落在某一面积上的总水量。一天内的降水总量称日降水量，一次降水总量称次降水量。单位以毫米计。

降水历时与降水时间

前者指一场降水自始至终所经历的时间，后者指对应于某一降水而言，其时间长短通常是人为划定的，在此时段内并非意味着连续降水。

降水强度

降水强度简称雨强，指单位时间内的降水量，以毫米/分或毫米/时计。在实际工作中，常根据雨强进行分级。

降水面积

即降水所笼罩的面积，以平方千米计。

为了充分反映降水的空间分布与时间变化规律，常用降水过程线、降水累积曲线、等降水量线以及降水特性综合曲线表示。

降水过程线是指以一定时段（时、日、月或年）为单位所表示的降水量在时间上的变化过程，可用曲线或直线图表示。它是分析流域产流、汇流与洪水的最基本资料。此曲线图只包含降水强度、降水时间，而不包含降水面积。此外，如果用较长时间为单位。由于时段内降水可能时断时续，因此过程线往往不能反映降水的真实过程。

降水是受地理位置、大气环流、天气系统条件等因素综合影响的产物，由于地理位置和大气环流对降水的影响与本文关系偏远，因此这里主要介绍地形、森林、水体等条件以及人类活动对降水的影响。

地形主要通过气流的屏障作用与抬升作用对降水的强度与时空分布发生影响。这在我国表现得十分强烈。许多丘陵山区的迎风坡常成为降水日数多、降水量大的地区，而背向的一侧则成为雨影区。1963 年 8 月海河流域邢台地区的特大暴雨，其南区就是沿着太行山东麓迎风侧南北向延伸，呈带状分布，轴向与太行山走向一致，即是典型实例。

地形对降水的影响程度决定于地面坡向、气流方向以及地表高程的变化。山地降雨随高程的增加而递增。但是，这种地形的抬升增雨并非是无限制的，当气流被抬升到一定高度后，雨量达最大值。此后雨量就不再随地表高程的增加而继续增大，甚至反而减少。峨眉山、黄山的降水就呈此规律，在最大降水量出现高度之下，降水随高程增加而递增，超过此高程，降水反而减少。

森林对降水的影响极为复杂，至今还存在着各种不同的看法。例如，法国学者 F·哥里任斯基根据对美国东北部大流域的研究得出结论，大流域上森林覆盖率增加 10%，年降水量将增加 3%。根据苏联学者在林区与无林地区的对比观测，森林不仅能保持水土，而且直接增大降水量，例如，在马里波尔平原林区上空所凝聚的水平降水，平均可达年降水量的 13%。

另外一些学者认为森林对降水的影响不大。例如 K·汤普林认为，森林不会影响大尺度的气候，只能通过森林中的树高和林冠对气流的摩阻作用，起到微尺度的气候影响，它最多可使降水增加 1%~3%，H·L·彭曼收集了亚、非、欧和北美洲地区 14 处森林多年实验资料，经分析也认为森林没有明显的增加降水的作用。

第三种观点认为，森林不仅不能增加降水，还可能减少降水。例如，我国著名的气象学者赵九章认为，森林能抑制林区日间地面温度升高，削弱对流，从而可能使降水量减少。另据实际观测，茂密的森林全年截留的水量，可占当地降水量的 10%~20%，这些截留水，主要供雨后的蒸发。例如，美国西部俄勒冈地区生长美国松的地区，林冠截留的水量可达年降水量的 24%。这些截留水从流域水循环、水平衡的角度来看，是水量损失，应从降水总量中扣除。

以上三种观点都有一定的根据，亦各有局限性。而且即使是实测资料，也往往要受到地区的典型性、测试条件、测试精度等的影响。总体来说，

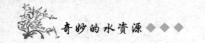

森林对降水的影响肯定存在，至于影响的程度，是增加或是减少，还有待进一步研究。并且与森林面积、林冠的厚度、密度、树种、树龄以及地区气象因子、降水本身的强度、历时等特性有关。

至于水体对降水的影响，陆地上的江河、湖泊、水库等水域对降水量的影响，主要是由于水面上方的热力学、动力学条件与陆面上存在差异而引起的。

"雷雨不过江"这句天气谚语，形象地说明了水域对降水的影响。这是由于大水体附近空气对流作用，受到水面风速增大、气流辐散等因素的干扰而被阻，从而影响到当地热雷雨的形成与发展。

人类对降水的影响一般都是通过改变下垫面条件而间接影响降水，例如，植树造林，或大规模砍伐森林、修建水库、灌溉农田、围湖造田、疏干沼泽等，其影响的后果有的是减少降水量，有的增大降水量。

在人工直接控制降水方面，例如人工行云播雨，或者驱散雷雨云，消除雷雹等，虽然这些方法早已得到了实际的运用，但迄今只能对局部地区的降水产生影响，而且由于耗资过多，一般较少进行。

蒸　发

蒸发是水由液体状态转变为气体状态的过程，亦是海洋与陆地上的水返回大气的唯一途径。由于蒸发需要一定的热量，因而蒸发不仅是水的交换过程，亦是热量的交换过程，是水和热量的综合反映。

蒸发因蒸发面的不同，可分为水面蒸发、土壤蒸发和植物散发等。其中土壤蒸发和植物散发合称为陆面蒸发，流域（区域）上各部分蒸发和散发的总和，称为流域（区域）总蒸发。

水面蒸发

水面蒸发是在充分供水条件下的蒸发。从分子运动论的观点来看，水面蒸发是发生在水体与大气之间界面上的分子交换现象。包括水分子自水面逸出，由液态变为气态，以及水面上的水汽分子返回液面，由气态变为液态。通常所指的蒸发量，即是从蒸发面跃出的水量和返回蒸发面的水量之差值，称为有效蒸发量。

从能态理论观点来看，在液态水和水汽两相共存的系统中，每个水分子都具有一定的动能，能逸出水面的首先是动能大的分子，而温度是物质分子运动平均动能的反映，所以温度愈高，自水面逸出的水分子愈多。由于跃入空气中的分子能量大，蒸发面上水分子的平均动能变小，水体温度因而降低。单位质量的水，从液态变为气态时所吸收的热量，称为蒸发潜热。反之，水汽分子因本身受冷或受到水面分子的吸引作用而重回水面。发生凝结，在凝结时水分子要释放热量，在相同温度下，凝结潜热与蒸发潜热相等。所以说蒸发过程既是水分子交换过程，亦是能量的交换过程。

植物蒸腾

植物蒸腾又称植物散发，其过程大致是：植物的根系从土壤中吸收水后，经根、茎、叶柄和叶脉输送到叶面，并为叶肉细胞所吸收，其中除一小部分留在植物体内外，90%以上的水分在叶片的气腔中汽化而向大气散逸。所以植物蒸发不仅是物理过程，也是植物的一种生理过程，比起水面蒸发和土壤蒸发来要复杂得多。

植物对水的吸收与输送功能是在根土渗透势和散发拉力的共同作用下形成的。其中根土渗透势的存在是植物本身所具备的一种功能。它是在根和土共存的系统中，由于根系中溶液浓度和四周土壤中水的浓度存在梯度差而产生的。这种渗透压差可高达10余个大气压，使得根系像水泵一样，不断地吸取土壤中的水。

散发拉力的形成则主要与气象因素的影响有关。当植物叶面散发水汽

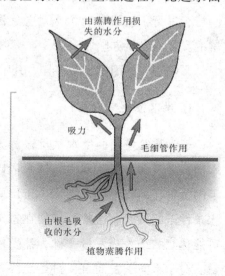

由蒸腾作用损失的水分

吸力

毛细管作用

由根毛吸收的水分

植物蒸腾作用

植物蒸腾示意

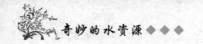

后，叶肉细胞缺水，细胞的溶液浓度增大，增强了叶面吸力，叶面的吸力又通过植物内部的水力传导系统（即叶脉、茎、根系中的导管系统）而传导到根系表面，使得根的水势降低，与周围的土壤溶液之间的水势差扩大，进而影响根系的吸力。这种由于植物散发作用而拉引根部水向上传导的吸力，称为散发拉力，散发拉力吸收的水量可达植物总需水量的90%以上。

由于植物的散发主要是通过叶片上的气孔进行的，所以叶片的气孔是植物体和外界环境之间进行水汽交换的门户。而气孔则有随着外界条件变化而收缩的性能，从而控制植物散发的强弱。一般来说，在白天，气孔开启度大，水散发强，植物的散发拉力也大，夜晚则气孔关闭，水散发弱，散发拉力亦相应的降低。

土壤蒸发

土壤蒸发是发生在土壤孔隙中的水的蒸发现象，它与水面蒸发相比较，不仅蒸发面的性质不同，更重要的是供水条件的差异。土壤水在汽化过程中，除了要克服水分子之间的内聚力外，还要克服土壤颗粒对水分子的吸附力。从本质上说，土壤蒸发是土壤失去水分的干化过程。随着蒸发过程的持续进行，土壤中的含水量会逐渐减少，因而其供水条件越来越差，土壤的实际蒸发量亦随之降低。

影响蒸发的因素复杂多样，其中主要有以下 3 个方面。

1. 供水条件

通常将蒸发面的供水条件区分为充分供水和不充分供水两种，一般将水面蒸发及含水量达到田间持水量以上的土壤蒸发，均视为充分供水条件下的蒸发，而将土壤含水量小于田间持水量情况下的蒸发，称为不充分供水条件下的蒸发。通常，将处在特定的气象环境中，具有充分供水条件的可能达到的最大蒸发量，称为蒸发能力，又称潜在蒸发量或最大可能蒸发量。对于水面蒸发而言，自始至终处于充分供水条件下，因此可以将相同气象条件下的自由水面蒸发，视为区域（或流域）的蒸发能力。

由于在充分供水条件下，蒸发面与大气之间的显热交换与内部的热交换都很小，可以忽略不计，因而辐射平衡的净收入完全消耗于蒸发。

但必须指出，实际情况下的蒸发，可能等于蒸发能力，亦可能小于蒸发能力。此外，对于某个特定的蒸发面而言。其蒸发能力并不是常数，而要随着太阳辐射、温度、水汽压差以及风速等条件的变化而不同。

2. 动力学与热力学因素

影响蒸发的动力学因素主要有如下 3 方面：

（1）水汽分子的垂向扩散：通常，蒸发面上空的水汽分子，在垂向分布上极不均匀。愈近水面层，水汽含量就愈大，因而存在着水汽含量垂向梯度和水汽压梯度。于是水汽分子有沿着梯度方向运行扩散的趋势。垂向梯度愈显著，蒸发面上水汽的扩散作用亦愈强烈。

（2）大气垂向对流运动：垂向对流是指由蒸发面和空中的温差所引起，运动的结果是把近蒸发面的水汽不断地送入空中，使近蒸发面的水汽含量变小，饱和差扩大，从而加速了蒸发面的蒸发。

（3）大气中的水平运动和湍流扩散：在近地层中的气流，既有规则的水平运动，亦有不规则的湍流运动（涡流），运动的结果，不仅影响水汽的水平和垂向交换过程，影响蒸发面上的水汽分布，而且也影响温度和饱和差，进而影响蒸发面的蒸发速度。

从热力学观点看，蒸发是蒸发面与大气之间发生的热量交换过程。蒸发过程中如果没有热量供给，蒸发面的温度以及饱和水汽压就要逐步降低，蒸发亦随之减缓甚至停止。由此可知，蒸发速度在很大程度上取决于蒸发面的热量变化。影响蒸发面热量变化的主要因素如下：

（1）太阳辐射：太阳辐射是水面、土壤、植物体热量的主要来源。太阳辐射强烈，蒸发面的温度就升高，饱和水汽压增大，饱和差也扩大，蒸发速度就大；反之，蒸发速度就降低。由于太阳辐射随纬度而变，并有强烈的季节变化和昼夜变化，因而各种蒸发面的蒸发，亦呈现强烈的时空变化特性。

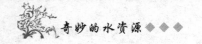

对于植物散发来说，太阳辐射和温度的高低，还可通过影响植物体的生理过程而间接影响其散发。温度低于 1.5℃，植物几乎停止生长，散发量极少。在 1.5℃ 以上，散发随温度升高而递增：但温度大于 40℃ 时，叶面的气孔失去调节能力，气孔全部敞开，散发量大增，一旦耗水量过多，植物将枯萎。

（2）平流时的热量交换：主要指大气中冷暖气团运行过程中发生的与下垫面之间的热量交换。这种交换过程具有强度大、持续时间较短、对蒸发的影响亦比较大的特点。

此外，热力学因素的影响，往往还和蒸发体自身的特性有关。以水体为例，水体的含盐度、浑浊度以及水深的不同，就会导致水体的比热、热容量的差异，因而在同样的太阳辐射强度下，其热量变化和蒸发速度也不同。

3. 土壤特性和土壤含水量的影响

土壤特性和土壤含水量主要影响土壤蒸发与植物散发。

对土壤蒸发的影响，不同质地的土壤含水量与土壤蒸发比之间的关系显示出每种土壤的关系线都存在一个转折点。与此转折点相应的土壤含水量，称为临界含水量。当实际的土壤含水量大于此临界值时，则蒸发量与蒸发能力之比值接近于 1，即土壤蒸发接近于蒸发能力，并与土壤含水量无关，当土壤含水量小于临界值时，则蒸发比与含水量呈直线关系。在这种情况下，土壤蒸发不仅与含水量成正比，而且还与土壤的质地有关。因为土壤的质地不同，土壤的孔隙率及连通性也就不同，进而影响土壤中水的运动特性，影响土壤水的蒸发。

对植物散发的影响，植物散发的水来自根系吸收土壤中的水，所以土壤的特性和土壤含水量自然会影响植物散发，不过对影响的程度还有不同的认识。有的学者认为，植物的散发量与留存在土壤内可供植物使用的水大致成正比，另一些人则认为，土壤中有效水在减少到植物凋萎含水量以前，散发与有效水无关。所谓有效水是指土壤的田间持水量与凋萎含水量之间的差值。

输　送

输送主要是指水汽的扩散与水汽输送，是地球上水循环过程的重要环节，是将海水、陆地水与空中水联系在一起的纽带。正是通过扩散运动，使得海水和陆地水源源不断地蒸发升入空中，并随气流输送到全球各地，再凝结并以降水的形式回归到海洋和陆地。所以水汽扩散和输送的方向与强度，直接影响到地区水循环系统。对于地表缺水，地面横向水交换过程比较弱的内陆地区来说，水汽扩散和输送对地区水循环过程具有特别重要的意义。

1. 水汽扩散

水汽扩散是指由于物质、粒子群等的随机运动而扩展于给定空间的一种不可逆现象。扩散现象不仅存在于大气之中，亦存在于液体分子运动进程之中。在扩散过程中伴随着质量转移，还存在动量转移和热量转移。这种转移的结果，使得质量、动量与能量不均的气团或水团趋向一致，所以说扩散的结果带来混合。而且扩散作用总是与平衡作用相联系在一起，共同反映出水汽（或水体）的运动特性，以及各运动要素之间的内在联系和数量变化，所以说，扩散理论是水文学的重要基础理论。

分子扩散　分子扩散又称分子混合，是大气中的水汽、各种水体中的水分子运动的普遍形式。蒸发过程中液面上的水分子由于热运动结果，脱离水面进入空中并向四周散逸的现象，就是典型的分子扩散。由于这种现象难以用肉眼观察到，可以通过在静止的水面上瞬时加入有色溶液，观察有色溶液在水中扩散得到感性的认识。在有色溶液加入之初，有色溶液集中在注入点，浓度分布不均，而后随着时间的延长，有色溶液逐渐向四周展开，一定时间后便可获得有色溶液浓度呈现正态分布的曲线，最终成为一均匀分布的浓度曲线。这种现象就是由水分子热运动而产生的分子扩散现象，扩散过程中，单位时间内通过单位面积上的扩散物质（E），与该断

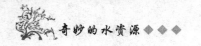

面上的浓度梯度成正比。

紊动扩散　紊动扩散又称紊动混合，是大气扩散运动的主要形式。特点是：由于受到外力作用的影响，水分子原有的运动规律受到破坏，呈现"杂乱无章的运动"，运动中无论是速度的空间分布还是时间变化过程都没有规律，而且引起大小不等的涡旋，这些涡旋也像分子运动一样，呈现不规则的交错运动，这种涡旋运动又称为湍流运动。通常大气运动大多属于湍流运动，由湍流引起扩散现象称为湍流扩散。

与分子扩散一样，大气紊流扩散过程中，也具有质量转移、动量转移和热量转移，其转移的结果，促使质量、动量、热量趋向均匀，因而亦称紊动混合。但与分子扩散相比较，紊动扩散系数往往是前者的数千百倍，所以紊动扩散作用远较分子扩散作用为大。

空中水汽含量的变化，除了与大气中比湿的大小有关外，还要受到水分子热运动过程、大气中湍流运动以及水平方向上的气流运移的影响。所以说上述两种扩散现象经常是相伴而生，同时存在。例如，水面蒸发时的水分子运动，就既有分子扩散，又可能受紊动扩散的影响。不过，当讨论紊动扩散时，由于分子扩散作用很小，可以忽略不计，反之，讨论层流运动中的扩散时。则只考虑分子扩散。

2. 水汽输送

水汽输送是指大气中水分因扩散而由一地向另一地运移，或由低空输送到高空的过程。水汽在运移过程中，水汽的含量、运动方向、路线、以及输送强度等随时会发生改变，从而对沿途的降水有着重大影响。

同时，由于水汽输送过程中，还伴随有动量和热量的转移，因而要影响沿途的气温、气压等其他气象因子发生改变，所以水汽输送是水循环过程的重要环节，也是影响当地天气过程和气候的重要原因。

水汽输送主要有大气环流输送和涡动输送两种形式，并具有强烈的地区性特点和季节变化。时而环流输送为主，时而以涡动输送为主。水汽输送主要集中于对流层的下半部，其中最大输送量出现在近地面层的 850 ~

900nPa 左右的高度。由此向上或向下，水汽输送量均迅速减小，到 500 ~ 400nPa 以上的高度处，水汽的输送量已很小，以至可以忽略不计。

影响水汽含量与水汽输送的因素很多，主要因素如下：

（1）大气环流的影响。如前所述水汽输送形式有两种，其中环流输送处于主导地位。这是和大气环流决定着全球流场和风速场有关。而流场和风速场直接影响全球水汽的分布变化，以及水汽输送的路径和强度。因此大气环流的任何改变，必然通过流场和风速场的改变而影响到水汽输送的方向、路径和强度。

（2）地理纬度的影响。地理纬度的影响主要表现为影响辐射平衡值，影响气温、水温的纬向分布，进而影响蒸发以及空中水汽含量的纬向分布，基本规律是水汽含量随纬度的增高而减少。

（3）海陆分布的影响。海洋是水汽的主要源地，因而距海远近直接影响空中水汽含量的多少，这也正是我国东南沿海暖湿多雨，愈向西北内陆腹地伸展，水循环愈弱，降水愈少的原因。

（4）海拔高度与地形屏障作用的影响。这方面的影响包括两方面：其一是随着地表海拔高度的增加，近地层湿空气层逐步变薄，水汽含量相应减少，这是我国青藏高原上雨量较少的重要原因，其次是那些垂直于气流运行方向的山脉。常常成为阻隔暖湿气流运移的屏障。迫使迎风坡成为多雨区，背风坡绝热升温，湿度降低。水汽含量减少，成为雨影区。

关于我国水汽输送，以 2003 年为典型年进行了比较系统的分析、计算与研究，得出了如下的基本结论。

（1）存在三个基本的水汽来源，三条输出入路径，并有明显的季节变化。三个来源是极地气团的西北水汽流、南海水汽流及孟加拉湾水汽流。西北水汽流自西北方向入境，于东南方向出境，大致呈纬向分布，冬季直达长江，夏季退居黄河以北；南海气流自广东、福建沿海登陆北上，至长江中下游地区偏转，并由长江口附近出境，夏季可深入华北平原，冬季退缩到北纬25°以南地区，水汽流呈明显的经向分布，由于水汽含量丰沛，所以输送通量值大；而孟加拉湾水汽流通常自北部湾入境，流向广西、云南，

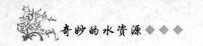

继而折向东北方向，并在贵阳—长沙一线与南海水汽流汇合，而后亦进入长江中下游地区，然后出海，全年中春季强盛，冬季限于华南沿海。

（2）水汽输送既有大气平均环流引起的平均输送，又有移动性涡动输送。其中平均输送方向基本上与风场相一致。而涡动输送方向大体上与湿度梯度方向相一致，即从湿度大的地区指向湿度小的地区。涡动输送的这一特点对于把东南沿海地区上空丰沛的水汽向内陆腹地输送，具有重要作用。

（3）地理位置、海陆分布与地貌上总体格局，制约了全国水汽输送的基本态势。青藏高原雄踞西南，决定了我国水汽输送场形成南北两支水汽流，北纬30°以北地区盛行纬向水汽输送，30°以南具有明显的经向输送。而秦岭—淮河一线成为我国南北气流的经常汇合的地区，是水汽流海陆的分布制约了我国上空湿度场的配置，并呈现由东南向西北递减的趋势，进而影响我国降水的地区分布。

（4）水汽输送场垂直分布存在着明显差异，在850nPa大气层上，一年四季水汽输送场形势比较复杂，在700nPa大气层上，在淮河流域以北盛行西北水汽流，淮河以南盛行西南水汽流，两股水汽流在北纬30°～35°一带汇合后由东流入海，在500nPa高度上，一年四季水汽输送呈现纬向分布，而低层大气中则经向输送比较明显，因而自低层到高层存在经向到纬向的顺时针切变。

下　渗

下渗又称入渗，是指水从地表渗入土壤和地下的运动过程。它不仅影响土壤水和地下水的动态，直接决定壤中流和地下径流的生成，而且影响河川径流的组成。在超渗产流地区，只有当降水强度超过下渗率时才能产生径流。可见，下渗是将地表水与地下水、土壤水联系起来的纽带，是径流形成过程和水循环过程的重要环节。

地表的水沿着岩土的空隙下渗，是在重力、分子力和毛管力的综合作用下进行的，其运动过程就是寻求各种作用力的综合平衡过程。

降水初期，若土壤干燥，下渗水主要受分子力作用，被土粒所吸附形成吸湿水，进而形成薄膜水，当土壤含水量达到岩土最大分子持水量时，开始向下一阶段过渡。

随着土壤含水率的不断增大，分子作用力逐渐被毛管力和重力作用取代，水在岩土孔隙中呈不稳定流动，并逐渐充填土壤孔隙，直到基本达到饱和为止，下渗过程向第三阶段过渡。

在土壤孔隙被水充满达到饱和状态时，水分主要受重力作用呈稳定流动。

上述三个阶段并无截然的分界，特别是在土层较厚的情况下，三个阶段可能同时交错进行，此外，亦有的将渗润与渗漏阶段结合起来，统称渗漏，渗漏的特点是非饱和水流运动，而渗透则属于饱和水流运动。

以上所说的下渗过程，均是反映在充分供水条件下单点均质土壤的下渗规律。在天然条件下，实际的下渗过程远比理想模式要复杂得多，往往呈现不稳定和不连续性。研究表明：生长多种树木和小块牧草地的实验小流域，面积仅为 0.2 平方千米，但该流域的实际下渗量的平面分布极不均匀。形成这种情况的原因是多方面的，归纳起来主要有以下 4 个方面。

1. 土壤特性的影响

土壤特性对下渗的影响，主要决定于土壤的透水性能及土壤的前期含水量。其中透水性能又和土壤的质地、孔隙的多少与大小有关。

一般来说土壤颗粒愈粗，孔隙直径愈大，其透水性能愈好，土壤的下渗能力亦愈大。显示出不同性质土壤之间下渗率的巨大差别。

2. 降水特性的影响

降水特性包括降水强度、历时、降水时程分配及降水空间分布等。其中降水强度直接影响土壤下渗强度及下渗水量，在降水强度小于下渗率的条件下，降水全部渗入土壤，下渗过程受降水过程制约。在相同土壤水分条件下，下渗率随雨强增大而增大，尤其是在草被覆盖条件下情况更明显。

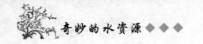
但对裸露的土壤，由于强雨点可将土粒击碎，并充填至土壤的孔隙中，从而可能减少下渗率。

此外，降水的时程分布对下渗也有一定的影响，如在相同条件下，连续性降水的下渗量要小于间歇性的下渗量。

3. 流域植被、地形条件的影响

通常有植被的地区，由于植被及地面上枯枝落叶具有滞水作用，增加了下渗时间，从而减少了地表径流，增大了下渗量。而地面起伏，切割程度不同，要影响地面漫流的速度和汇流时间。在相同的条件下，地面坡度大，漫流速度快，历时短，下渗量就小。

4. 人类活动的影响

人类活动对下渗的影响，既有增大的一面，也有减少的一面。例如，各种坡地改梯田、植树造林、蓄水工程均增加水的滞留时间，从而增大下渗量。反之砍伐森林、过度放牧、不合理的耕作，则加剧水土流失，从而减少下渗量。在地下水资源不足的地区采用人工回灌，则是有计划、有目的的增加下渗水量，反之在低洼易涝地区，开挖排水沟渠则是有计划、有目的的控制下渗、控制地下水的活动。从此意义上说，人们研究水的入渗规律，正是为了有计划、有目的地控制入渗过程，使之朝向人们所期望的方向发展。

径　流

流域的降水，由地面与地下入河网。流出流域出口断面的水流，称为径流。液态降水形成降雨径流，固态降水则形成冰雪融水径流。由降水到达地面时起，到水流流经出口断面的整个物理过程，称为径流形成过程。降水的形式不同，径流的形成过程也各异。我国的河流以降雨径流为主，冰雪融水径流只是在西部高山及高纬地区河流的局部地段发生。

从降雨到水流汇集至出口断面的整个过程，称为径流的形成过程。在不考虑大量人类活动的影响下，径流的形成过程大致可以分为以下几个阶段：

1. 降雨阶段

降雨是径流形成的初始阶段，是径流形成的必要条件。

对于一个流域而言，各次降雨在时间上和空间上的分布和变化不完全相同。一次降雨可以笼罩全流域，也可以只降落在流域的部分地区。降雨强度在不同地区是不一致的，雨强最大的地区称为暴雨中心，各次降雨的暴雨中心不可能完全相同。同一次降雨过程中，暴雨中心位置常会沿着某个方向移动，降雨的强度也常随时间而不断变化。

2. 蓄渗阶段

降雨开始以后，地表径流产生以前的植物截留、下渗和填洼等过程，称为流域的蓄渗阶段。在这一过程中消耗的降雨不能产生径流，对径流的形成是一个损失。不同流域或同一流域的不同时期的降雨损失量是不完全相同的。

在植被覆盖地区，降雨到达地面时，会被植被截留一部分，这部分的水量称为截留水量。降雨初期，雨滴落在植物的茎叶上，几乎全被截留。在尚未满足最大截留量前，植被下面的地表仅能得到少量降雨。降雨过程继续进行，直至截留量达到最大值后，多余的水量因重力作用和风的影响才向地面跌落，或沿树干流下。当降雨停止后，截留的水分大部分被蒸发。

雨水降落到地面后，在分子力、毛管力和重力的作用下进入土壤孔隙，被土壤吸收，这一过程称为下渗。土壤吸收并能保持一部分水分（吸着水、薄膜水、下悬毛管水等）。土壤保持水分的最大能力，称为土壤最大持水量。下渗的雨水首先满足土壤最大持水量，多余的才能在重力作用下沿着土壤孔隙向下运动，到达潜水面，并补给地下水，这种现象称为渗透。

降雨满足植物截流和下渗以后，还需要填满地表洼地和水塘，称为填洼。只有在完成填洼以后，水流才开始外溢，产生地表径流。

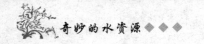

降雨停止后，洼地蓄水大部分消耗于蒸发和下渗。

3. 产流漫流阶段

产流是指降雨满足了流域蓄渗以后，开始产生地表（或地下）径流。根据地区的气候条件，可将产流分为两种基本形式：蓄满产流和超渗产流。

蓄满产流大多发生在湿润地区。由于降水量充沛，地下水丰富，潜水面高，包气带薄，植被发育好，土壤表层疏松，下渗能力强，所以降雨很容易使包气带达到饱和状态。此时，下渗趋于稳定，下渗的水量补给地下水，产生地下径流。当降雨强度超过下渗强度时，则产生地表径流。因为蓄满产流是在降雨使整个包气带达到饱和以后才开始产流，所以又称饱和产流。

超渗产流大多发生在干旱地区地下水位较低、包气带较厚、下渗强度较小的流域，当降雨强度大于下渗强度时，就开始产流。在产流过程中，降雨仍在继续下渗（下渗量决定于雨前的土壤含水量）。一次降雨过程中，很可能包气带达不到饱和状态，所以又称非饱和产流。

蓄满产流主要决定于降雨量的大小，与降雨强度无关；超渗产流则决定于降雨强度，而与降雨大小无关。我国淮河流域以南及东北大部分地区以蓄满产流为主；黄河流域、西北地区的河流以超渗产流为主，其他地区具有过渡的性质。

流域产流以后，水流沿地面斜坡流动，称为漫流，又称坡地漫流。

4. 集流阶段

坡地漫流的水进入河槽以后，沿河槽从高处向低处流动的过程称集流阶段。此为降雨径流形成过程的最终阶段。各大小支流的水量向干流汇入，使干流水位迅速上升，流量增加。当河槽水位上升速度大于两岸地下水位上升速度时，河水补给地下水；当河流水位下降后，反过来由地下水补给河水，这称为河岸的调节作用。与此同时，河槽蓄水逐渐向出口断面流去。即河槽本身也对径流起调节的作用，称为河槽的调节作用。一般河网密度大的地区，河流较长，河槽纵比降小。河水下泄速度慢，河槽的调节作用大；反之河槽调节作用就小。

在影响河川径流形成与变化的因素中，气候因素是最主要的因素。在流域范围内不论以何种形式进入河槽的水均来源于大气降水，且与降水量、降水强度、形式、过程及空间分布有关。降水强度和形式与径流形成的关系十分密切。在以降雨补给为主的河流，每次降雨可产生一个小洪峰。一年中降雨集中的时期，河流径流量最大，进入洪水期。强暴雨时，雨水在土壤中的下渗量小，汇水时间短，常可造成特大洪峰。此时由于强暴雨对地面的侵蚀、冲刷十分强烈，进入河水的泥沙量也明显增加。以冰雪融水补给为主的河流，往往在春季融冰雪或夏季冰川融化时出现洪峰，具有明显的日变化与季节变化。

降水过程与径流形成过程有关。当降水过程为先小后大时，先降落的小雨使全流域蓄渗，河网内蓄满了水；之后再降的大雨则因为下渗量减小，几乎能全部变成径流，加之这时的河槽调蓄作用也大大减弱，易形成大洪水。

蒸发量的大小直接与径流有关。在降水转变为径流的过程中，水量损失的主要原因就是蒸发。我国湿润地区降水量的 30% ~ 50%、干旱地区降水量的 80% ~ 95% 均消耗于蒸发。扣除蒸发量后，其余部分的降水才能作为下渗、径流量。流域的蒸发包括水面蒸发和陆面蒸发，陆面蒸发中又包括土壤蒸发与植物蒸腾。此外，气温、风、湿度等气候因素也间接地对径流的形成与变化有影响。

在流域的地貌特征中，流域坡度对河川径流的形成有直接影响。流域坡度大，则汇流迅速、下渗量小、径流集中；反之则径流量减少。流域的坡向、高程是通过降水和蒸发来间接影响河川的径流的。如高山使气流抬升，在迎风面常可产生地形雨，使降水量增加，径流量较大；而背风面雨量较少，径流量也减小。地势愈高，气温愈低，蒸发量愈小，径流量则相应增加。

喀斯特地貌发育地区往往有地下蓄水库存在，对径流的形成起调蓄作

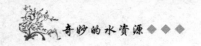

用。由于地表河流与地下河流相互交替，地下分水线与地面分水线常常很不一致，有时径流总量可大于流域的平均降水总量。

地质构造和土壤特性决定着流域的水分下渗、蒸发和地下最大蓄水量，对径流量的大小及变化有复杂的影响。

喀斯特地貌景观

一些地质构造有利于地下蓄水（如蓄水盆地），断层、节理、裂隙发育的地区也具有贮存地下水的良好条件，并且可以出现流域不闭合的现象。土壤类型和性质直接影响下渗和蒸发。例如：砂土下渗量大，蒸发量小，而黏土则下渗量小，蒸发量大，因此在同样条件下，砂土地区形成的地表径流往往较小，而地下径流却较大。

地表的植被能截留一部分水量，起到阻滞和延缓地表径流、增加下渗量的作用。在植被的覆盖下，土壤增温的速度减小。使蒸发减弱。在森林地区，高大的林冠可阻滞气流，使气流上升，增加降水量。植被根系对土壤的保持作用可防止水土流失，减少地面侵蚀。

总之，森林植被可以起到蓄水、保水、保土的作用，削减洪峰流量，增加枯水流量，调节径流的分配。

湖泊和沼泽是天然的蓄水库，大湖泊对河川径流的调节作用更为显著。干旱地区湖面的蒸发量极大，对河川径流量的影响十分明显。沼泽使河水在枯水期能保持均匀的补给，起到调节径流的作用。

人类活动也在一定程度上影响着河川径流的形成和变化。人工降雨和融冰增加了径流量；修筑水库可以调蓄水量；跨流域的调水工程改变了径

地表径流

流的地区分布不均匀性。其他如农田灌溉、封山育林等也会改变径流的分布。

　　洪水是因暴雨或其他原因，使河流水位在短时间内迅速上涨而形成的特大径流。当河流发生洪水时，河槽常常不能容纳所有的来水，洪水泛滥成灾，威胁沿岸的城镇、村庄、农田等。连续的暴雨是造成洪水的主要原因，大量冰雪融化也可造成洪水。流域内的降水分布、强度、暴雨中心的移动以及水系的性质都对洪水有一定的影响。

　　洪水按补给条件可分为暴雨洪水和冰雪融水洪水两类。暴雨洪水来势凶猛，常造成特大径流量，流量过程线峰段尖突。如发生在夏季，称为夏汛，发生在秋季则称为秋汛。我国大多数河流常受到暴雨洪水的威胁。因此，在水文研究上应引起特别重视。

　　我国北方河流常在春季天气回暖季节发生由冰雪融水造成的洪水，称为春汛或秋汛。冬季因局部河段封冻，使上游水位抬高，可引起局部性的洪水。冰雪融水洪水的特点是径流量较小，汛期持续时间长，流量过程线变化不如暴雨洪水明显。

　　按水的来源又可将洪水分为上游演进洪水和当地洪水两类。上游演进洪水是指河流上游径流量增大，使洪水自上而下推进，洪峰从上游到下游出现的时间有一段时间间隔。当地洪水是由所处河段的地面径流形成的，如全流域全部为暴雨所笼罩，则可造成特大的洪峰，危害性极大。如河南1975 年 8 月发生历史上非常罕见的特大洪水。

对于同一条河流而言，一般上游洪峰比较尖突，水位暴涨暴落，变幅大；下游洪峰则渐趋平缓，水位变幅也变小。洪水的传播速度与河道的形状有关，如河道平直整齐，洪水的传播就快；如河道弯曲不规则，则洪水的传播较慢；若流经湖泊，则洪水的传播速度更慢。

洪水期间，同一断面上总是首先出现最大比降，接着出现最大流速，然后出现最大流量，最后出现最高水位。

与洪水径流相对的是枯水径流。枯水是指断面上流量较小，通常发生在地表径流的后期，河水主要靠流域的蓄水量及地下水补给。枯水季节大部分发生在冬季，径流量明显变小。它与水力发电、航空、农田灌溉、工业用水和生活用水等有密切的关系。

枯水期径流量的大小与枯水前期降水量的大小有密切关系。前期降水

洪水——最肆虐的地表径流

量大，地下蓄水量多，地下径流量大，河流在枯水期尚能保持一定的水量。反之，如前期降水量小，土壤中地下水量少，则常造成河流流量小，甚至出现断流。流域地质条件影响着河流在枯水期的流量。如砂砾层常能储存较多的地下水，在枯水期可以补给河流。湖泊、沼泽、森林及水库等常可调节水量，从而增加河流枯水期的流量。径流是水循环的基本环节，又是水量平衡的基本要素，它是自然地理环境中最活跃的因素。从狭义的水资源角度来说，在当前的技术经济条件下，径流则是可以长期开发利用的水资源。河川径流的运动变化，又直接影响着防洪、灌溉、航运和发电等工程设施。因而径流在水资源利用方面有着举足轻重的地位和作用。

水量平衡

谈论地球上的水量平衡，是有前提条件的。这个前提条件就是一个假设和一个客观事实。一个假设，是把地球作为一个封闭的大系统来看待，也就是假设地球上的总水量无增无减，是恒定的；一个客观事实，是基于地球上天然水的统一性，地球上水的大小循环使地球上所有的水都纳入一个连续的、永无休止的循环之中。

问题是地球上的水量是衡定的吗？事实上，地球上的水有增加的因素，也有减少的因素。

在晴朗的万里夜空，我们常常可以看到一道白光划破天际，这是来自茫茫宇宙空间的星际物质，以极大的速度穿越地球周围厚厚的大气层时，由于巨大的摩擦力产生高温，使这些星际物质达到炽热程度，我们称之为流星。当然，这种流星发生在白昼，通常是看不见的。这些流星在高速穿越地球大气层时，未被燃烧殆尽而能够到达地球表面是极少的，以铁质为主叫陨铁，以石质为主叫陨石，以冰为主叫陨冰（这是极难见到的）。这些星际物质，都含有一定量的水，一年大约使地球增加0.5立方千米的水。

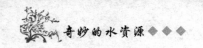

太阳这颗恒星同其他恒星一样，主要是由炽热的氢和氦构成。太阳表面被一层厚数千千米呈玫瑰色的太阳大气所包围，称为色球层。色球层的外部温度极高（几万摄氏度），能量也大，尤其是当有周期性的太阳色球爆发（又叫耀斑）时，所发出的能量极大，能射出很强的无线电波，大量的紫外线、X射线、γ射线，还可以把氢原子分解为高能带电的基本粒子——质子，抛向宇宙空间，有些能够到达地球，并且在地球大气圈的上层俘获负电荷而变成氢原子，这些氢原子可能与氧结合生成水分子。在太阳色球层的外面还包围着一层很稀疏的完全电离的气体层，叫日冕。它从色球层边缘向外延伸到几个太阳半径处，甚至更远。日冕虽然亮度不及太阳光球的1/100万，只有在日全食时或用特制的日冕仪才能看到，但它内部的温度却高达100万℃。由于日冕离太阳表面较远，受到太阳的引力也就较小，它的高温能使高能带电粒子以每秒350千米、远远超过脱离太阳系的宇宙速度向外运动。这些粒子中，有相当多是由氢电离产生的离子，它们有些也会进入地球大气圈并俘获负电子而成为氢原子，这些氢原子也可能与氧结合成水分子。地球通过这种途径所增加的水量是很难确定的。

上面是地球从来自它本身以外获得水量的几种途径。地球还可以从它自身增加水量，这主要是来自地球上岩石和矿物组分中化合水的释放。地质学家们认为，火山喷发时每年从地球深部带出约1立方千米的呈蒸汽和热液状态的原生水。

以上是地球上水量增加的方面，与此相反，地球还有失去水量的方面。

在地球大气圈上层，由于太阳光紫外线的作用，水蒸气分子在太阳光离解作用下，分解为氢原子和氧原子，因为此处远离地球表面，空气极为稀薄，地球引力又相对减小，各种微粒运动速度极大，当氢原子的运动速度超过宇宙速度时，便飞离地球大气圈进入宇宙空间，这就使地球失去水。

在人类几百万年的历史长河中，现在完全可以认为地球上水量的得失大体相等，也就是说地球上的总水量不变。再换句话说，地球上的水量是衡定的。

当然，在地质历史，地球上的总水量不能认为是固定不变的，完全可能因为地球内部活动性、火山活动、地表温度变化等而变化。如果地球上消失到宇宙空间的水大于地球从宇宙中和其自身地幔中获得的水，地球上的水量就会减少，最终水圈就可能从地球表面消失。

既然可以认为，在人类历史的长河里，地球上的总水量不变，那么下面，就概略地谈谈地球上的水量平衡。

由于水循环，使自然界中的水都时时刻刻在循环运动着。从长远来看，全球的总水量没有变化，但对某一地区而言，有时候降水量多，有时候降水量少。某个地区在某一段时期内，水量收入和支出的差额，等于该地区的储水变化量。这就是水量平衡原理。

例如，一条外流河流域内某段时期的水量平衡，根据水量平衡原理，可以用平衡方程式表示为：

$$P - E - R = \Delta S$$

（式中：P——流域降水量；E——流域蒸发量；R——流域径流量；ΔS——流域储水变量）。

从多年平均来看，ΔS 趋于零，所以，流域多年水量平衡方程式为：

$$\overline{P} = \overline{E} + \overline{R}$$

（式中：$\overline{P}$——流域多年平均降水量；$\overline{E}$——流域多年平均蒸发量；$\overline{R}$——流域多年平均径流量）。

全球多年平均水量平衡方程式为：

$$\overline{P}_{地球} = \overline{E}_{地球}$$

（式中：$\overline{P}_{地球}$——地球多年平均降水量；$\overline{E}_{地球}$——地球多年平均蒸发量）。

全球海洋的蒸发量大于降水量，其多年水量平衡方程式为：

$$\overline{P}_{海} = \overline{E}_{海} - \overline{R}_{海}$$

（式中：$\overline{P}_{海}$——海洋多年平均降水量；$\overline{E}_{海}$——海洋多年平均蒸发量；$\overline{R}_{海}$——多年平均进入海洋的河水径流量）。

全球陆地的蒸发量小于降水量，其多年水量平衡方程式为：

$$\overline{P}_{陆} = \overline{E}_{陆} - \overline{R}_{陆}$$

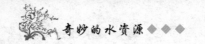

（式中：$\overline{P}_{陆}$——陆地多年平均降水量；$\overline{E}_{陆}$——陆地多年平均蒸发量；$\overline{R}_{陆}$——多年平均进入海洋的河水径流量）。

实际上，$\overline{R}_{海}$ 就是 $\overline{R}_{陆}$。

根据估算，全球海洋每年约有 50.5 万立方千米的水蒸发到空中，而每年降落到海洋的水（降水量）约为 45.8 万立方千米，每年海洋总降水量比总蒸发量少了约 4.7 万立方千米（50.5 万 – 45.8 万立方千米）；而全球陆地每年蒸发量约为 7.2 万立方千米，每年降水量约为 11.9 万立方千米（11.9 万 – 7.2 万立方千米），每年全球陆地总降水量比总蒸发量多了约 4.7 万立方千米。这 4.7 万立方千米的水量就是通过地表径流和地下径流注入海洋，平衡了海洋总降水量比总蒸发量少的 4.7 万立方千米的水量。

可以看出，从全球范围（整个海洋和陆地）长期宏观来看，水量平衡是很简单的，就是多年平均降水量等于多年平均蒸发量。单从全球陆地或海洋长期来看，其水量平衡也一目了然：陆地降水量大于蒸发量，其多出部分正是以径流方式从地表面和地下注入海洋，平衡了海洋降水量小于蒸发量的差额部分。但是从地球局部某个地区（指陆地）来看，水量平衡就要复杂得多。时间越短，其水量平衡就越复杂，因为对长期来说可以忽略的因素，在短时期内可能很突出，成了不容忽视的因素。地球上的降水，在时空上的分布是很不均衡的。就"空间"而言，地球上有的地方降水很少，甚至多年无降水（如我国的塔克拉玛干大沙漠和非洲的撒哈拉大沙漠腹地）。这些地方由于过于干旱缺水，不要说人类无法生存，就是动植物也基本灭迹。从水量平衡来看，基本上没有或很少有"收入"——降水，蒸发量总是远远大于降水量，径流量也就谈不上了；而有的地方降水过多，常成灾害，给人们的生命财产带来很大威胁。就"时间"来说，同一个地区有时降水多，有时降水少。所以，地球上许多地方（当然是指陆地）都有雨季和旱季之分，真正能达到风调雨顺的地方是很少的。

水量平衡同其他平衡一样，是动态平衡，是由于水循环通过大气中的水汽输送和陆地上的径流输送而实现的。就目前而言，人类活动对全球大气的水汽输送几乎没有什么影响，而对地表径流输送，在局部地区却可以产生某些影响。例如，一个地区修建水库，引水灌溉，跨流域调水等，就是利用水循环和水量平衡的规律和原理，发挥人的能动性，改变水在时空上分布的不均衡，以求达到兴利除弊，造福人类。我国三峡工程建成后可达到近400亿立方米的库容量，这是一个很大的水库，在蓄水期间对长江的径流量无疑会产生大的影响。我国20世纪80年代修建的引滦入津（天津）和引黄济青（济南和青岛），都是跨流域调水工程，旨在改善这些地区用水紧张的局面。但是人们的一些不良活动——毁坏森林，盲目围湖造田，过度抽取地下水等，均会导致该地区水循环和水量平衡向劣性发展，势必给人们的生活和生产带来恶果。

由于全球各洲大陆所处的地理位置、海陆关系、大气环流条件等各不相同，其水量平衡和水循环的特点也不一样。

各洲大陆尺度的水量平衡

南美洲

南美洲大陆的面积占全球陆地面积的13%，但其降水量却占全球陆地降水总量的27%，降水深为1597毫米，是全球大陆平均降水深的2.1倍；入海径流量占全球大陆入海径流总量的32%，径流深是全球大陆平均值的2.5倍；蒸发量占全球大陆蒸发总量的24%，蒸发深为全球大陆平均值的1.9倍；径流系数为0.41，是全球各洲大陆之最大，而干旱系数为0.53，则是全球各洲大陆之最小。表明南美洲大陆是全球最为湿润的大陆。

欧洲和北美洲

欧洲大陆和北美洲大陆的面积，分别占全球陆地总面积的7%和14.4%，其降水量、入海径流量和蒸发量，也分别占全球大陆降水、入海径流和蒸发总量的7%和15%左右，对全球水量平衡的贡献，大体上与其所占全球陆地面积的比例相应。但是若以水量平衡要素的平均值分析，则北美

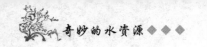

洲大陆的径流系数为 0.39，干旱系数为 0.59，其降水量、入海径流量和蒸发量都超过了全球大陆的平均值，是全球仅次于南美洲大陆的湿润大陆。

亚　洲

亚洲大陆面积占全球大陆总面积的 29%，但其降水量、入海径流量和蒸发量分别只占全球总量的 25%、27% 和 24%。也就是说，亚洲大陆面积约占全球陆地总面积的 1/3，而其各水量平衡的要素值只占全球总量的 1/4 左右，说明它对全球水量平衡的贡献，与所占面积是不相称的，偏小很多。亚洲大陆径流系数为 0.39，干旱系数为 1.62，表明它已不是湿润大陆，而是一个半湿润半干旱的大陆。当然，亚洲大陆地域十分辽阔，区内的地形、气候和水文条件差异很大，情况非常复杂，因此不同地域的水量平衡也有极其显著的差异。

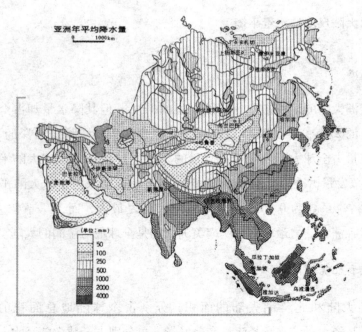

亚洲年平均降水量

非　洲

非洲大陆的面积占全球陆地总面积的21%，降水量占全球大陆降水总量的20%，降水深度与全球陆面降水平均值相当。但是非洲大陆由于在大西洋副热带高压的控制之下，境内多沙漠，径流量不到全球大陆径流总量的10%，径流深不到全球大陆平均值的1/2，蒸发量却比全球大陆的平均值高出15%～20%。非洲大陆水量平衡总的特点是，降水不少而径流量少和蒸发量大。非洲大陆的径流系数只有0.17，干旱系数为2.48，尽管大陆内部各区域之间干湿程度差别很大，但就总体而言，它仍属相当干旱的大陆。

大洋洲

大洋洲大陆的面积占全球陆地总面积的6%，降水量和入海径流量只占全球大陆总量的3%和1%，是对全球水量平衡贡献最小的大陆。大洋洲大陆的面积相当于欧洲大陆，但其降水量和入海径流量，只有欧洲大陆的59%和15%，而蒸发量则是欧洲大陆的78%，两大洲之间的水文气候条件的差异是非常显著的。大洋洲大陆的径流系数不到0.1，为全球各大陆之最小，而干旱系数却高达4.10，又是全球各大陆之最大，表明其是全球最为干旱的大陆。

南极洲

南极洲大陆的面积占全球陆地总面积的10%。其降水量和入海径流量分别只占全球大陆总量的2%和6%。南极大陆由于气候严寒，蒸发量极少，甚至可以略而不计，其在全球水量平衡中的比重、作用和贡献都很小，当然这并不意味着可以忽略南极冰盖对全球气候的巨大影响。

在全球各大陆中，除南极洲大陆外，都分布有性质完全不同的内、外流区，它们的水量平衡特点和对全球水量平衡的贡献，差别非常巨大。内流区无入海径流，每年的降水量就是当年的蒸发量，它仅通过降水和蒸发与全球的水循环相联系，是一个独特的水量平衡系统。全球大

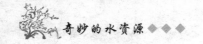

陆外流区的年降水量比年蒸发量多4.7万千米，多出的部分全部通过地表或地下径流汇入海洋。全球大陆外流区的年降水量是内流区的3倍，年蒸发量是内流区的1.8倍，表明其在全球水循环中起着主导作用。大西洋外流区的面积占全球外流区总面积的43%，但其降水量、入海径流量和蒸发量，则分别占全球外流区相应水量平衡要素的52%、44%和56%，是对全球水量平衡贡献最大的外流区。太平洋外流区的贡献次之。印度洋和北冰洋外流区，它们的水量平衡要素值在全球所占比例小于其面积所占比例，贡献最小。但是各大洋外流区的干旱系数和径流系数却变化不大，较为接近，表明其在水文气候方面都表现出湿润气候的特点。

大气环流条件和大陆地形特征对水循环的重大影响。按大陆面积的平均水深值计，南美洲和大洋洲大陆是全球各大陆水汽年总输入量最大的大陆，分别达到1163毫米和1681毫米，但南美洲大陆的年净输入量为747毫米，而大洋洲大陆只有63毫米，竟相差十数倍之多。究其原因，大洋洲大陆地处南半球的"咆哮西风带"，且地势较平坦，面积不大，使输入大陆上空的水汽难以停留和参与大陆内部的水循环，大部分水汽只能"穿堂而过"。而南美洲大陆的大部分地区地处赤道东风带，其西部有纵贯南北的科迪勒拉山系，形成一道阻挡水汽输出的天然屏障，使输入的水量有较多机会参与大陆内部的水循环，从而净输入量较大。

从水文内循环和外循环系数也可以看出，南美洲是两个系数最大的大陆，大洋洲则是最小的大陆。亚洲大陆居南、北美洲大陆之后，列第三位。从大陆上空水汽的更新速率也可说明这一点，南、北美洲大陆上空大气的水汽，全部更新一次的时间是7天，而非洲和大洋洲大陆上空水汽更新一次则需14~19天，亚洲大陆约需12天。由水循环的各种参数可以看出，南美洲大陆的所有参数都是世界各洲大陆的最高值，所以它是全球水循环最活跃的大陆；而大洋洲则相反，都是最低值，因而它是全球水循环最不活跃的大陆。亚洲大陆介于上述两者之间，虽然其他参数不如非洲大陆，但水循环参数高于非洲大陆，因而水循环较非洲大陆活跃。

我国大陆和区域尺度水量平衡与水循环

我国大陆尺度水量平衡与水循环

我国大陆地处东亚大陆，由于其受所处地理纬度、海陆分布、地势和大气环流的影响，在水量平衡和水循环上具有鲜明的特征。

水汽输送　我国大陆水汽的总输送场，主要由三支水汽流组成，冬季盛行的西北水汽流、春季和夏季来自孟加拉湾与阿拉伯海的西南水汽流，以及由西太平洋和南海进入的偏南水汽流，三者通常在黄河与长江中下游地区汇合后，从西向东输出我国大陆。三股水汽流多年年平均总输入量为 1909.4 毫米，年总输出量为 1625.3 毫米，年净输入量为 284.1 毫米。我国大陆上空多年平均水汽含量为 15.1 毫米，略高于欧洲大陆而低于亚洲大陆的平均值。我国大陆上空所有水汽输送方向，都具有明显的季节性变化。

降水　我国大陆多年年平均降水总量为 61889 亿立方米，降水深 648.4 毫米，略高于亚洲大陆（631 毫米）而小于欧洲大陆（769 毫米）。其基本特点是：

（1）地理分布的总趋势，是由东南向西北递减，但因地形的影响，亦有若干降水高值区和低值区参差分布。400 毫米年降水等值线，自东北大兴安岭起向西南蜿蜒延伸到中尼边境，与 10 毫米大气年平均水汽含量等值线基本一致，也与中国大陆的内、外流区的分界线大体接近。400 毫米年降水等值线以东是我国的半湿润和湿润区，以西则是半干旱和干旱区。

（2）降水量的年内分配很不均匀，绝大部分地区连续最大四个月的降水量，占全年总降水量的 60% 以上，其中北部和西部的海河流域和东北平原、内蒙古高原、塔里木和柴达木盆地，以及西藏的大部分地区，

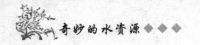

可占80%以上。

（3）年降水过程与东亚季风的进退关系密切。春、夏季节随着西南和东南季风的发展和盛行，雨带由南向北推移，西南和东部广大地区先后进入多雨季节；夏秋期间，随着季风的衰减和南撤，雨带由北向南撤退并减弱；当年10月～次年3月是降水最少的季节。西北部地区的降水与大西洋水汽流的关系密切，降水的季节变化不如东部地区强烈。

径流 我国大陆多年平均年径流总量为27115亿立方米，平均年径流深为284毫米，径流系数为0.44。其基本特点是：

（1）年径流地理分布的总趋势同降水量，由东南向西北递减。100毫米年径流深等值线，大体与400毫米降水等值线相当，走向一致。由于下垫面的影响，年径流深的地理分布较年降水量更为复杂。

（2）河川径流的年内分配很不均匀，绝大多数河流具有明显的丰、枯水期，连续最大4个月的径流量占年总径流量的60%以上，其中长江以南、云贵高原以东和西南的大部分地区为60%～70%，松辽平原、华北平原和淮河流域的大部分地区达70%～80%，西部地区为60%左右。

（3）大部分地区的河流为雨水补给型，其径流的季节变化与降水的季节变化关系密切，也具有明显的季风特征。每年随着雨季的到来和雨带由南向北的推进，河流也自南向北先后进入汛期，南方的河流一般为5～8月，北方的河流为6～9月。以后则随着雨带的南撤和雨季的结束，河流亦由北向南依次进入枯水期。

（4）我国大陆外流区的面积，占国土总面积的65.2%，径流量占全国总径流量的96.1%。内流区基本不产流的面积约为160万千米，占内流区总面积的48%。每年由中国大陆净输出的径流量为24391亿立方米，其中有17243亿立方米直接注入海洋，有7148亿立方米经陆地边界流出。

蒸发 我国大陆的年蒸发量为364.1毫米，其地区分布与降水和径流的地区分布密切相关，总的趋势也是由东南向西北递减。淮河以南和云贵高原以东的广大地区，年蒸发量为700～800毫米；海南岛东部和西藏的东南隅可达1000毫米以上，是我国大陆蒸发量最大的地区；华北平原为400～

600 毫米；东北平原只有 400 毫米左右；大兴安岭以西地区、内蒙古高原、鄂尔多斯高原、阿拉善高原和西北的广大地区，不足 300 毫米，是中国大陆蒸发量最小的地区，其中的塔里木盆地和柴达木盆地仅 25 毫米。因中国大陆的温湿条件存在着明显的季节变化，所以蒸发量的年内分配亦有变化，一年中连续最大四个月的蒸发量，约占全年总蒸发量的 50% ~ 60%。变化幅度略小于降水和径流的变化幅度。

在多年平均情况下，我国大陆上空年水汽输入总量为 18215.4 立方千米，折合面水深 1909.4 毫米，其中约有 31% 形成降水（586.2 毫米），69% 为过境水汽，通过我国大陆上空输出国界。我国大陆年平均蒸发量为 364.3 毫米，其中约有 17% 重新形成降水返回地面（62.2 毫米），83% 随气流输出国界。我国大陆年平均降水量为 648.4 毫米，境外水汽形成的部分占 90%，大陆内部蒸发水汽形成的占 10%。我国大陆上空年水汽输出总量（1625.3 毫米）中，过境水汽占 81%，大陆蒸发的水汽占 19%，其与大陆河川流出境外径流量 284.1 毫米之和为 1909.4 毫米，等于全年的水汽输入总量，实现了大陆多年平均水量平衡。

将面积较为接近的我国大陆与欧洲和大洋洲大陆进行比较，不难发现我国大陆的水汽年净输入量、年降水量、年蒸发量和水文外循环系数（K_I）等水量平衡要素和水循环参数，与欧洲大陆相近；而水文内循环系数（K_E）和水文内循环对降水的贡献，则与大洋洲大陆相近。经科学家初步分析研究认为，这种有趣现象的出现，是由于中国大陆地势呈西高东低向东倾斜的阶梯状，在强西风环流的控制下，东亚成为一个极有利于水汽自西向东输送和扩散的场所，由南、西两边界输入的大量水汽，极易从东边界径直输往界外，而缺乏参与水文内循环的机会。这种水汽输入多输出也多的收支状况，与大洋洲大陆十分相似，是我国大陆水文内循环不太活跃的重要原因。

我国区域尺度水量平衡与水循环

我国地域辽阔，地形复杂，自南往北跨越了从热带到寒带等九个气

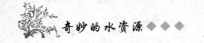

候带,由东南到西北,呈现出从湿润、半湿润到半干旱、干旱乃至极端干旱的变化趋势,各地水循环情势的地域性很强,差异明显。水文气候学家从研究中国区域尺度水循环和水量平衡出发,并考虑主要江河流域的地理分布,将全国大陆部分划分为华南区、长江区、西南区、华北区、东北区和西北区等6个区域,并对其水量平衡和水循环各个要素分别进行了计算。

华南区 华南区主要包括珠江流域及浙、闽沿海诸河,面积66.29平方千米,属湿润气候区。华南区濒临南海和东海,太平洋副热高压西侧的偏南气流,把丰沛的水汽输到该区上空,使其上空的水汽含量、水汽年净输入量、年降水量、年径流量和年蒸发量,都居六区之首。华南区上空水汽的年总输入量为13036.2毫米,其中有13.9%形成降水 P_1,86.1%径直输出境外;年总蒸发量为803.0毫米,其中有7.0%再次形成降水 P_E,93.0%由偏西气流携带从东南边界进入东海上空;年总降水量为1871.2毫米,约有97.0%是境外输入水汽形成,区内蒸发水汽形成的只占3.0%,年降水总量中约有57.0%通过珠江和东南沿海诸河,以地表径流形式注入海洋。华南区水文内循环过程不太强盛, K_E 居六区之末,而水文外循环系数 K_1 却名列第二,说明其降水主要来源于外来水汽。华南区水文内循环过程不活跃和外循环非常活跃的主要原因,是由于其地处我国东部水汽的主要输出地带,区内的陆面蒸发水汽很快被强偏西风携带出境,再次参与当地水循环过程的机会不多所致;偏南气流带来的丰沛水汽,遇到境内西南—东北走向的戴云山、武夷山等多重山脉的阻拦,被迫抬升,成云致雨,水文外循环十分强盛。

长江区 长江区主要包括长江流域,面积177.8万平方千米,属湿润气候区。春夏季节,来自孟加拉湾和南海的水汽流在长江流域中下游地区汇合,并与来自北方的冷空气交汇,形成充沛的降水。梅雨期间和台风登陆时,常出现大暴雨。秋冬季节,随着夏季环流向冬季环流的转变和冬季环流的建立,偏北气流南下并覆盖长江区的大部分地区,若与较强的偏南气流交汇,也会形成较多的雨雪。长江区上空水汽的年总输入量中，有 28.2% 形成降水 P_I，71.8% 为过境水汽；年总蒸发量中的 14.1% 形成降水 P_E 重返地面，85.9% 通过北界和东界上空进入华北区和东海；年总降水量的 93.5% 是由境外输入的水汽形成，区内蒸发水汽形成的只有 6.5%；年总降水量的 54.2%，以河川径流形式通过长江入海。长江区内的 K_E 居全国六区之冠，说明其水文内循环非常之活跃。这是由于长江区面积辽阔，区内的气旋波、西南涡和切变线等低值系统活跃，区内蒸发的水汽再次形成降水的机会较多、条件较好的缘故。

西南区 西南区面积 84.1 万平方千米，主要包括横断山水系和西藏雅鲁藏布江，属湿润气候区。西南区地处青藏高原的东南缘，西部的横断山山系呈南北走向，有利于水汽流沿山谷上溯，直达雅鲁藏布江河谷。本区的东南部海拔只有 200 米左右，孟加拉湾的水汽流从本区的南、西边界进入，经昆明、贵阳、芷江偏向东北，由北边界进入长江区上空。西南区的重要特点是水文气候垂直分带性明显，降水和径流均呈随高度增高而增加的趋势，气温随海拔增高而降低，蒸发则呈随海拔增高而减少。水量平衡要素的垂直分带性，反映了区内水循环垂直方向的特点，就是高海拔区的降水径流经河流汇入海洋，低海拔区蒸发的水汽则顺河谷爬升至高海拔处再形成降水。西南区水汽年总输入量的 20.4% 形成降水 P_I，79.6% 输出境外；年蒸发量中的 10.1% 形成降水 P_E，89.9% 输往境外；年降水量中由境外输入水汽形成的占 95.7%，区内蒸发水汽贡献的占 4.3%；年降水量中的 57.3% 成为河川径流，经怒江、澜沧江和元江流出国境。区内的水文内、外循环系数 K_E 和 K_I 均位居前列，其上空水汽完全更新一次的时间只需 4.7 天，表明区内的水文内、外循环都非常活跃。

华北区 华北区面积 143.4 万平方千米，主要包括黄河中下游、海滦河及淮河流域，属亚湿润—亚干旱气候区。华北区冬季在蒙古高压控制之下，盛行极地和变性极地大陆气团的西北气流，寒冷而干燥；春季气旋活动频繁，降水较冬季增加，但初夏较为干旱且多干热风天气；夏季在大陆低压和太平洋副热带高压的影响下，热带海洋气团携带较丰沛

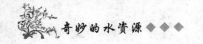

的水汽抵达本区，是一年中降水最多的季节，并多暴雨，河流进入汛期；秋季极地大陆性气团来临，很快就重建冬季的环流形势。华北区连续最大 4 个月的降水量，可占年降水量的 80% 以上，降水和径流的离差系数 C_V 值，分别高达 0.3 和 0.8。水量平衡要素的年内和年际变化都很剧烈，是本区水文气候的重要特点。华北区上空的水汽主要由其南界输入，年均水汽总输入量为 2550 毫米，其中的 19.6% 形成降水 P_I，80.4% 为过境水汽；全年蒸发量为 433.5 毫米，其中 9.8% 形成降水 P_E 重返地面，90.2% 随气流输往境外；全年降水量 543.5 毫米，其中的 92.2% 是由境外输入的水汽形成，区内蒸发形成的降水只占 7.8%；全年降水量的 20.2% 形成径流，由海河、滦河等水系注入渤海，完成全年的水循环和水量平衡。华北区的内循环系数 K_E 较大，水文内循环对降水的贡献仅次于东北区，比其他各区都大，表明内循环较为活跃。但外循环系数 K_I 仅稍高于西北区，外循环不活跃。

东北区　东北区面积 124.6 万平方千米，是我国平均纬度最高的地区，主要包括松花江和辽河流域，除大兴安岭以西的地区外，属于亚湿润气候区。东北区的西、北、东三面被大兴安岭、小兴安岭和长白山所环抱，中部平原向南敞开，是一个三面环山面向渤海的口袋地形。冬季本区在西北气流的控制之下，天气晴燥，降水较少。夏季东南季风携带较为丰沛的水汽进入口袋地形，降水较多，山脉的迎风坡的降水量可达 1000～1200 毫米。东北区上空的水汽主要由其西和南部的边界输入，西部边界输入的水汽占 70%，南部边界占 30%。全年水汽的输入总量为 2252.9 毫米，其中有 22.5% 形成降水，77.5% 为过境水汽输出境外；全年总蒸发量 431.6 毫米，其中 11.3% 在区内形成降水重返地面，88.7% 随气流输出境外；在全年总降水量 556.2 毫米中，有 91.2% 是由境外输入的水汽形成，8.8% 是区内蒸发的水汽形成；在降水量中有 24.5% 形成径流，主要通过松花江、黑龙江注入鄂霍次克海和经辽河汇入渤海。东北区的水文内循环系数 K_E 仅小于长江区，占第二位，说明其水文内循环比较活跃，对降水的贡献较大。而水文外循环系数 K_I 较小，仅略大于华北区和西北区，表明本区的水文外循环不活跃。

西北区 西北区面积343.7万平方千米，位于欧亚大陆腹地，主要包括西北内陆诸河，属典型大陆性气候，除新疆北部的部分地区为半干旱区外，均属干旱和极干旱区。西北区的上空常年盛行西风急流，冬季在蒙古高压控制之下，气候干冷；夏季主要受热低压控制，偶有对流性降水；春秋为过渡季节，高、低压系统互有消长，天气多变。西北区地域辽阔，水汽来源方向有所不同。新疆北部主要是由西风环流携带大西洋和北冰洋的水汽进入；新疆南部地区主要由副热带急流的偏西和偏西南气流，携带阿拉伯海水汽经中亚北上越过帕米尔高原进入；东部地区主要由西南季风携带孟加拉湾水汽，沿横断山脉和青藏高原东部进入。西北区全年水汽输入总量为1061.9毫米，只有14.4%形成降水P_I，其余85.6%为穿越本区的过境水汽；年总蒸发量为133.6毫米，仅有7.2%重新形成降水P_E，另外92.8%随气流输出境外；年总降水量为164.6毫米，其中有92.8%是由境外输入的水汽所形成，7.2%是由当地的蒸发水汽所形成。总降水量中除0.1%左右经额尔齐斯河与伊犁河输出国境外，其余的99.9%消耗于蒸发。西北区的水文外、内循环系数K_I和K_E为全国最小，水汽的年输入量和输出量几近相等，净输入量极小，因此出境径流非常小，表明其水文的内、外循环都不活跃。

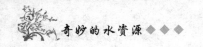

几种主要水体

海 洋

　　尽管我们通常所说的狭义的水资源不包括海水，因为海水是咸的，一般不能被人们生活和工农业生产直接使用，要将海水除盐淡化，就目前而言成本昂贵，尚不能大量进行。但是海洋——这大自然给予人类的恩赐，对于人类的意义，就如同阳光对于人类一样重要。所以，广义的水资源是包括海洋的。

　　世界地图和地球仪上，大部分是蓝色相连的海洋。在地球表面 5.1 亿平方千米的总面积中，海洋的面积就占去 3.6 亿平方千米，约为地球总表面积的 71%。地球上的总水量约为 13.9 亿立方千米，海洋水就占 13.4 亿立方千米，约为地球总水量的 96.5%。地球上陆地的平均海拔（从平均海平面算起的高度）约为 875 米，而海洋的平均深度却有 3700 米之多。20 世纪 50 年代初，苏联考察船在太平洋西部靠近菲律宾的马里亚纳海沟，测得海洋的最大深度值为 11034 米。设想把地球之巅——青藏高原上最雄伟、最高大的喜马拉雅山脉的最高峰——珠穆朗玛峰（海拔 8844.43 米），搬进此海沟，它的山顶离海面还差 2000 多米。

　　广阔的海洋，从蔚蓝到碧绿，美丽而又壮观。海洋，海洋，人们总是这样说,但好多人却不知道,海和洋不完全是一回事,它们彼此之间是不相同的。那么,它们有什么不同,又有什么关系呢?

洋,是海洋的中心部分,是海洋的主体。世界大洋的总面积,约占海洋面积的89%。大洋的水深,一般在3000米以上,最深处可达1万多米。大洋离陆地遥远,不受陆地的影响。它的水文和盐度的变化不大。每个大洋都有自己独特的洋流和潮汐系统。大洋的水色蔚蓝,透明度很大,水中的杂质很少。

地球上共划分为4个大洋,它们是太平洋、大西洋、印度洋和北冰洋。太平洋面积为1.80亿平方千米,约为四大洋面积总和的1/2,是最大的洋,它也是水体平均最深、水温平均最高的大洋;大西洋面积约0.93亿平方千米,是第二大洋;印度洋是第三大洋,面积约0.75亿平方千米;北冰洋是四大洋中面积最小的一个,只有0.13亿平方千米,它也是水体最浅、水温最低的洋。现分别简略介绍一下。

太平洋

太平洋是世界第一大洋,位于亚洲、大洋洲、南极洲、拉丁美洲和北美洲大陆之间,南北长约1.59万千米,东西最宽处1.99万千米。西南以塔斯马尼亚岛东南角至南极大陆的经线(东经146°51′)与印度洋分界,东南以通过拉丁美洲南端合恩角的经线与大西洋分界,北部经狭窄的白令海峡与北冰洋相接,东经巴拿马运河和麦哲伦海峡、德雷克海峡与大西洋沟通,西经马六甲海峡、巽他海峡通往印度洋。太平洋的面积约1.8亿平方千米,占地球表面总面积的35.2%,比陆地总面积还大,占世界海洋总面积的1/2,水体体积为7.2亿立方千米,平均深度超过4000米,最深的马里亚纳海沟深达11034米。太平洋是世界上岛屿最多的大洋,海岛面积有440多万平方千米,约占世界岛屿总面积的45%。横亘在太平洋和印度洋之间的马来群岛,东西延展约4500千米;纵列于亚洲大陆东部边缘海与太平洋之间的阿留申群岛、千岛群岛、日本群岛、琉球群岛、台湾岛和菲律宾群岛,南北伸展约9500千米,把太平洋西部的浅水区分割成十数个边缘海。太平

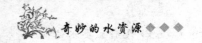

洋底总计有 18 条大海沟，呈圆环形分布在四周浅海和深水洋盆的交界处，是火山和地震活动频繁的地域。太平洋海域的活火山多达 360 多座，占世界活火山总数的 85%；地震次数占全球地震总数的 80%。太平洋是世界上珊瑚礁最多、分布最广的海洋，在北纬 30°到南回归线之间的浅海海域随处可见。

太平洋的气温随纬度增高而递减，南、北太平洋最冷月的气温，从回归线到极地为 20~16℃，中太平洋常年保持在 25℃左右。西太平洋多台风，以发源于菲律宾以东、加罗林群岛附近洋面上的最为剧烈。每年台风发生次数为 23~37 次。最小半径 80 千米，最大风力超过 12 级。太平洋的年平均降水量一般为 1000~2000 毫米；降水最大的海域是在哥伦比亚、智利的南部和阿拉斯加沿海以及加罗林群岛的东南部、马绍尔群岛南部、美拉尼西亚北部诸岛，可达 3000~5000 毫米；秘鲁南部和智利北部沿海、加拉帕戈斯群岛附近则不足 100 毫米，是太平洋降水最少的海域。太平洋的雨季，赤道以北为 7~10 月。北、南纬 40°以北、以南海域常有海雾，尤以日本海、鄂霍次克海和白令海为最甚，每年的雾日约有 70 个。太平洋也是地球上水温最高的大洋，年平均洋面水温为 19℃；平均水温高于 20℃的海域占 50%以上，有 1/4 海域温度超过 25℃。由于水温、风带和地球自转的影响，太平洋内部有自己的洋流系统，这些"大洋中的河流"沿着一定的方向缓缓流动，对其流经地区的气候和生物具有明显的影响。太平洋中最著名的洋流有千岛寒流（亲潮）、加里福尼亚寒流、秘鲁寒流、中国寒流和黑潮暖流等。太平洋以南、北回归线为界，分称为南、中、北太平洋（也有以东经 160°为界，分为东、西太平洋；或以赤道为界，分为南、北太平洋）。南太平洋的平均盐度为 3.49%，中太平洋为 3.51%，北太平洋为 3.39%。

太平洋从 20 世纪起成为世界渔业的中心，其浅海渔场面积约占各大洋浅海渔场总面积的 1/2。太平洋的捕鱼量亦占全世界捕鱼总量的 1/2，其中以秘鲁、日本和我国的产量为最大，以捕捞鲑、鲱、鳟、鲣、鲭、鳕、沙丁鱼、金枪鱼、鳀、比目鱼、大黄鱼、小黄鱼、带鱼和捕捉海熊、海豹、海獭、海象、鲸为主；捕蟹业在太平洋渔业中也占重要地位。太平洋底矿产资源非常丰富，据探测，深水区洋底锰、镍、钴、铜等四种金属的储藏量，比世界陆地的多几十倍乃至千倍以上。在亚洲、拉丁美洲南部的沿海地区，目前发现的石油、天然气和煤等也很丰富。太平洋底部有海底电缆近3万千米。太平洋的海运业十分发达，货运量仅次于

浩瀚的太平洋

大西洋。亚洲太平洋沿岸的主要海港有：上海、大连、广州、秦皇岛、青岛、湛江、基隆、高雄、香港、南浦、元山、兴南、仁川、釜山、海防、西贡、西哈努克城、曼谷、新加坡、雅加达、苏腊巴亚、巨港、三宝垄、米里、马尼拉、东京、川崎、横滨、大阪、神户、名古屋、北九州、千叶、鹿儿岛、符拉迪沃斯托克（海参崴）；在大洋洲和太平洋岛屿的主要港口有：悉尼、纽卡斯尔、布里斯班、霍巴特、奥克兰、惠灵顿、努美阿、苏瓦、帕果—帕果、帕皮提、火奴鲁鲁（檀香山）；在拉丁美洲太平洋沿岸的主要海港有：瓦尔帕来索、塔尔卡瓦诺、阿里卡、卡亚俄、瓜亚基尔、布韦那文图拉、巴拿马城、巴尔博亚、曼萨尼略、马萨特兰；在北美洲太平洋沿岸的主要海港有：洛杉矶、长滩、圣弗兰西斯科（旧金山）、波特兰、西雅图、温哥华等。

大西洋

大西洋是世界第二大洋，是被拉丁美洲、北美洲、欧洲、非洲和南极洲包围的大洋。大西洋北以冰岛—法罗海槛和威维亚、汤姆逊海岭与北冰洋分界，南临南极洲，东南以通过南非厄加勒斯角的经线同印度洋分界，西南以通过拉丁美洲南端合恩角的经线与太平洋分界。大西洋总面积为9337万平方千米，约为太平洋面积的1/2，占海洋总面积的1/4，平均水深

71

▲

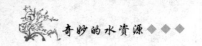

为 3627 米，波多黎各海沟最深，为 8742 米。由于大西洋底的海岭都被淹没在水面以下 3000 多米，所以突出洋面形成岛屿的山脊不多，大多数岛屿集中分布在东部加勒比海西北部海域。

大西洋的气温全年变化不大，赤道地区气温年较差不到 1℃，亚热带纬区约为 5℃，在北纬和南纬 60°地区为 10℃，只在其西北部和极南部才超过 25℃。大西洋的北部刮东北信风，南部刮东南信风。温带纬区地处寒暖流交接的过渡地带和西风带，风力最大，在北纬 40°～60°之间冬季多暴风，南半球的这一纬区则全年都有暴风活动。在北半球的热带纬区，5～10 月经常出现飓风，由热带海洋中部吹向西印度群岛风力达到最大，然后吹往纽芬兰岛风力逐渐减小。大西洋的降水量，高纬区为 500～1000 毫米，中纬区大部分为 1000～1500 毫米，亚热带和热带纬区从东向西为 100～1000 毫米以上，赤道地区超过 2000 毫米。夏季在纽芬兰岛沿海，拉普拉塔河口附近、南纬 40°～49°海域常有海雾；冬季在欧洲大西洋沿岸，特别是在泰晤士河

波涛汹涌的大西洋

口多海雾；非洲西南岸全年都有海雾。大西洋表面水温为 16.9℃，比太平洋和印度洋都低，但其赤道处海域的水温仍高达 25～27℃。夏季南、北大西洋的浮冰可抵达南、北纬 40°左右。大西洋的平均盐度为 3.54%，亚热带纬区最高，达 3.73%。大西洋洋流南北各成一个环流，北部环流由赤道暖流、墨西哥湾暖流和加纳利寒流组成。其中墨西哥湾暖流是北大西洋西部最强盛的暖流，由佛罗里达暖流和安的列斯暖流汇合而成，沿北美洲东海岸自西南向东北流动，在佛罗里达海峡中，其宽度达 60～80 千米，深达 700 米，每昼夜流速达 150 千米，水温 24℃，其延续为北大西洋暖流。南部环流由南赤道暖流、巴西暖流、西风漂流、本格拉寒流组成。在南北两大环流之间为赤道逆流，流向自西而东，流至几内亚湾为几内亚暖流。

大西洋的自然资源丰富，鱼类以鲱、鳕、黑线鳕、沙丁鱼、鲭最多，北海和纽芬兰岛沿海地区是大西洋的主要渔场，以产鳕和鲱著称。其他还有牡蛎、贻贝、鳌虾、蟹类和各种藻类等。南极大陆附近还产有鲸和海豹。北海海底蕴藏有丰富的石油和天然气。

大西洋航运发达，主要有欧洲和北美各国之间的北大西洋航线；欧、亚、大洋洲之间的远东航线；欧洲与墨西哥湾和加勒比海各国间的中大西洋航线；欧洲与南美洲大西洋沿岸各国间的南大西洋航线；由西欧沿非洲大西洋沿岸到南非开普敦的航线。大西洋底部有长达 20 多万千米的海底电缆。大西洋沿岸主要港口有：圣彼得堡、格但斯克、不来梅、哥本哈根、汉堡、威廉港、阿姆斯特丹、鹿特丹、安特卫普、伦敦、利物浦、勒阿弗尔、马赛、热那亚、贝鲁特、塞得港、达尔贝达（卡萨布兰卡）、圣克鲁斯、蒙罗维亚、开普敦、布宜诺斯艾利斯、里约热内卢、马拉开波、威廉斯塔德、圣多斯、克鲁斯港、休斯敦、新奥尔良、巴尔的摩、波士顿、波特兰、纽约等。

印度洋

印度洋为世界第三大洋，它位于亚洲、非洲、大洋洲和南极洲之间。印度洋北临亚洲，东濒大洋洲，西南以通过南非厄加勒斯角的经线与大西

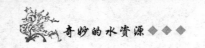

洋分界，东南以通过塔斯马尼亚岛至南极大陆的经线与太平洋相邻，面积为 7491 万平方千米，平均水深 3897 米。

印度洋的水域大部分位于热带地区，赤道和南回归线穿过其北部和中部海区，夏季气温普遍较高，冬季只在南纬 50° 以南气温才降至零下，水面温度平均在 20～26℃ 之间。在印度洋热带的沿海地区，多珊瑚礁和珊瑚岛。印度洋的海水盐度为世界最高，其中红海含盐量达到 4.1% 左右，苏伊士湾甚至高达 4.3%；阿拉伯海的盐度也达 3.6%；孟加拉湾的盐度低些，为 3.0%～3.4%。印度洋北部是全球季风最强烈的地区之一，在南半球西风带中的南纬 40°～60° 之间和阿拉伯海的西部常有暴风，在热带纬区有飓风。印度洋降水最丰富的地带是赤道纬区、阿拉伯海与孟加拉湾的东部沿海地区，年平均降水量在 2000～3000 毫米以上；阿拉伯海西岸地区降水最少，仅有 100 毫米左右；南部的大部分地区，年平均降水量在 1000 毫米左右。印度洋因受亚洲南部季风的影响，其赤道以北洋流的流向，随着季风方向的改变而改变，称为"季风洋流"。在冬季刮东北风时，洋流呈逆时针方向往西流动；在夏季刮西南风时，洋流呈顺时针方向往东流动。地处南半球的印度洋，其洋流状况大致与太平洋和大西洋相同，由南赤道暖流、马达加斯加暖流、西风漂流和西澳大利亚寒流等组成一个独立的逆时针环流系统。印度洋的海上浮冰界限，8～9 月间到达最北界，大约在南纬 55°；2～3 月间退回到南纬 65°～68° 的最南线。南极冰山一般可以漂到南纬 40°，而在印度洋的西部地区，有时也能漂到南纬 35°。

印度洋的动物和植物资源与太平洋西部相似。海水的上层浮游生物特别丰富，盛产飞鱼、金鲭、金枪鱼、马鲛鱼、鲨鱼、鲸、海豹、企鹅等。在棘皮动物中，多海胆、海参、蛇尾、海百合等。海生哺乳动物儒艮是印度洋的特产。植物多藻类，东部海岸至印度河口和西部的非洲沿海多种类繁多的红树林。

印度洋北部的非洲、亚洲和澳洲沿岸，海岸线曲折漫长，多海湾和内海，由东往西较大的有红海、波斯湾、阿拉伯海、孟加拉湾、安达曼海、萨武海、帝汶海和澳大利亚湾等。另外，印度洋的北部还有许多大陆岛、火山岛和珊瑚岛。印度洋是沟通亚洲、非洲、欧洲和澳洲的重要航运交通要道。向东穿越马六甲海峡，可进入太平洋；向西绕过非洲最南端的好望角，能通达大西洋；往西北经红海和苏伊士运河，可进入地中海并通往欧洲。印度洋北部的许多国家盛产石油，因此它又是石油运输的重要通道。印度洋

美丽迷离的印度洋

沿岸港口终年不冻，四季通航。主要海港有仰光、孟买、加尔各答、马德拉斯、卡拉奇、吉大港、科伦坡、亚丁、阿巴丹、巴士拉、米纳艾哈迈迪、科威特、腊斯塔努腊、苏伊士、德班、洛伦索－马贵斯、贝拉、达累斯萨拉姆、蒙巴萨、塔马塔夫、弗里曼特尔等。

北冰洋

北冰洋是世界上最小的大洋，位于北极圈内，被亚洲、欧洲、北美洲所环抱，面积只有1310万平方千米，平均水深1200米。在亚洲和北美洲之间有白令海峡通往太平洋，在欧洲与北美洲之间以冰岛—法罗海槛和威维亚·汤姆逊海岭（冰岛与英国之间）与大西洋分界，有丹麦海峡及北美洲东北部的史密斯海峡与大西洋沟通。

北冰洋周围的国家和地区有俄罗斯、挪威、冰岛、格陵兰岛（丹）、加拿大和美国。北冰洋的寒季由11月~次年的4月，长达6个月，最冷月（1月）的平均气温为 −20 ~ −40℃。7、8两月是暖季，平均气温也多在8℃以下。北冰洋的年平均降水量仅75~200毫米，格陵兰海可达500毫米左右。暖季北冰洋的北欧海区多海雾，有些地区每天都有雾，有时持续数昼夜。由于寒季格陵兰、亚洲北部和北美地区上空经常出现高气压，使北冰洋海

白雪皑皑的北冰洋

域常有猛烈的暴风。北冰洋海域从水面到水深 100 ~ 250 米的水温，约为 −1 ~ 1.7℃，盐度为 3.0% ~ 3.2%；在沿岸地带水温全年变化很大，范围为 −1.5 ~ 8℃，盐度不到 2.5%。北冰洋北欧海区的水面温度，全年在 2 ~ 12℃之间，盐度在 3.5% 左右。北冰洋的洋流系统是由北大西洋暖流的分支挪威暖流、斯匹次卑尔根暖流和北角暖流、东格陵兰寒流等组成。北冰洋水文的最大特点，是有常年不化的冰盖，北冰洋也就成为世界上最寒冷的海洋，差不多有 2/3 的海域，常年被 2 ~ 4 米的厚冰覆盖着，其中北极点附近冰层厚达 30 多米。海水温度大部分时间在 0℃以下，只在夏季靠近大陆的水域，温度才能升至 0℃以上，并在沿岸形成不宽的融水带。但是在大西洋暖流的影响下，北冰洋内还是有几个几乎全年不冻的内海和港口，如巴伦支海南岸的摩尔曼斯克。北冰洋中的岛屿很多，数量仅次于太平洋，总面积有 400 多万平方千米，主要有格陵兰岛、斯匹次卑尔根群岛、维多利亚岛等。北极地区由于严寒居民很少，主要生活着因纽特人，他们以狩猎和捕鱼为生。在北极点附近每年都有半年左右（10 月 ~ 次年 3 月）的无昼黑夜，此间北极上空有光彩夺目的极光出现，一般呈带状、弧状、幕状或放射状。

北极地区矿产资源丰富，有煤、石油、磷酸盐、泥炭、金、有色金属等。海洋中产白熊、海象、海豹、鲸、鲱、鳕等，巴伦支海和挪威海是世界上最大的渔场之一。北极苔原上多皮毛贵重的雪兔、北极狐，以及驯鹿、北极犬等。北冰洋海域由于冰的阻隔，航运不发达，但也有长达9500千米的从摩尔曼斯克到符拉迪沃斯托克（海参崴）的北冰洋航线和由摩尔曼斯克直达雷克雅未克、伦敦和斯匹次卑尔根群岛的海运航线，重要海港有阿尔汉格尔斯克和摩尔曼斯克。

海，在洋的边缘，是大洋的附属部分。海的面积约占海洋的11%，海的水深比较浅，平均深度从几米到两三千米。海临近大陆，受大陆、河流、气候和季节的影响，海水的温度、盐度、颜色和透明度，都受陆地影响，有明显的变化。夏季，海水变暖，冬季水温降低；有的海域，海水还要结冰。在大河入海的地方，或多雨的季节，海水会变淡。由于受陆地影响，河流夹带着泥沙入海，近岸海水混浊不清，海水的透明度差。海没有自己独立的潮汐与海流。海可以分为边缘海、内陆海和地中海。边缘海既是海洋的边缘，又是临近大陆前沿；这类海与大洋联系广泛，一般由一群海岛把它与大洋分开。我国的东海、南海就是太平洋的边缘海。内陆海，即位于大陆内部的海，如欧洲的波罗的海等。地中海是几个大陆之间的海，水深一般比内陆海深些。世界主要的海接近50个。太平洋最多，大西洋次之，印度洋和北冰洋差不多。

附属于太平洋的海有马来群岛诸海、南海、东海、黄海、日本海、鄂霍次克海、阿拉斯加海、白令海等；附属于大西洋的海则有加勒比海、墨西哥湾、波罗的海、地中海、黑海等；附属于印度洋的海有红海、波斯湾、阿拉伯海、孟加拉湾、安达曼海、萨武海、帝汶海和澳大利亚湾等；附属于北冰洋的海有巴伦支海、挪威海、格陵兰海等。

海由于其所处的地理位置和自然条件不同，大小不一，各种各样，差别很大。大者面积超过400万平方千米，小者只有1.1万平方千米，相差近

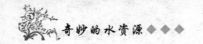

400 倍；有的深，有的浅；有的极咸，有的很淡；有的没有明确的海岸边界，有的缺少海洋生物显得死气沉沉。全球海域面积在 200 万平方千米以上的大海，共有 8 个，其中超过 300 万平方千米的有 3 个，超过 400 万平方千米的只有 1 个。

珊瑚海

珊瑚海位于澳大利亚和新几内亚以东，新喀里多尼亚和新赫布里底岛以西，所罗门群岛以南，南北长约 2250 千米，东西宽约 2414 千米，面积 4791000 平方千米。南连塔斯曼海，北接所罗门海，东临太平洋，西经托里斯海峡与阿拉弗拉海相通。珊瑚海的海底地形大致由西向东倾斜，平均水深 2394 米，大部分地方水深 3000 ~ 4000 米，最深处则达 9174 米，因此，它也是世界

蓝色珊瑚海

上最深的一个海。南纬 20°以北的海底主要为珊瑚海的海底高原，高原以北是珊瑚海海盆。南所罗门海沟深 7316 米，新赫布里底海沟深达 7540 米。

珊瑚海因有大量珊瑚礁而得名，以大堡礁最著名，世界有名的大堡礁就分布在这个海区。它像城垒一样，从托雷斯海峡到南回归线之南不远，南北绵延伸展 2400 千米，东西宽约 2 ~ 150 千米，总面积 8 万平方千米，为世界上规模最大的珊瑚体，大部分隐没水下成为暗礁，只有少数顶部露出水面成珊瑚岛，在交通上是个障碍。此外，还有北部的塔古拉堡礁，东南部的新喀里多尼亚堡礁为澳大利亚东部各港往亚洲东部的必经航路。亚热带气候带来成群结队的鲨鱼，所以珊瑚海又称"鲨鱼海"候，有台风，以

1~4 月为甚。经济资源有渔业和巴布亚湾的石油。

珊瑚海海水的含盐度和透明度很高，水呈深蓝色。在珊瑚海的周围几乎没有河流注入，这也是珊瑚海水质污染小的原因之一。又由于受暖流影响，大陆架区水温增高，珊瑚海地处赤道附近，因此，它的水温也很高，全年水温都在 20℃ 以上，最热的月份甚至超过 28℃。这些都有利于珊瑚虫生长。珊瑚堡礁以位于澳大利亚东北岸外 16~241 千米处的大堡礁为最大，长达 2012 千米；珊瑚礁为海洋动植物提供了优越的生活和栖息条件。珊瑚海中盛产鲨鱼，还产鲱、海龟、海参、珍珠贝等。

这里曾是珊瑚虫的天下，它们巧夺天工，留下了世界最大的堡礁。众多的环礁岛、珊瑚石平台，像天女散花，繁星点点，散落在广阔的洋面上，因此得名珊瑚海。在大陆架和浅滩上，以岛屿和接近海面的海底山脉为基底，发育了庞大的珊瑚群体，形成了一个个色彩斑驳的珊瑚岛礁，镶嵌在碧波万顷的海面上，构成了一幅幅绮丽壮美的图景。

珊瑚海地处热带，水温终年在 18~28℃ 间，这里风速小，海面平静，水质洁净，有利于珊瑚生长。这里，坐落着世界最大的 3 个珊瑚礁群，这就是大堡礁、塔古拉堡礁和新喀里多尼亚堡礁。大堡礁最大，位于澳大利亚东北部，离岸最近处只有 16 千米，最远处达 240 多千米。大堡礁像一条长带斜卧在那儿，长达 2000 多千米，东西最宽处达 150 千米，面积约 8 万平方千米。它大部分礁石隐没在水下，露出海面的成为珊瑚岛。500 多个珊瑚岛，星罗棋布散落在 900 多平方千米的海面上，像一列列城堡，守卫着澳大利亚的东北海防。岛上茂密的热带丛林，郁郁葱葱；旁边白银色的沙滩，滩外碧蓝的海水下，可看到五颜六色的珊瑚礁平台。这里阳光充足，空气清新，海水洁净，礁石嶙峋，成了海洋生物的乐园。优美的环境，成了人们旅游观光的好地方。

马尔马拉海

马尔马拉海属土耳其内海，土耳其国属亚洲和欧洲部分分界线之一段，东北经博斯普鲁斯海峡与黑海沟通，是黑海与地中海之间的唯一通道，属黑海海峡。西南经达达尼尔海峡与爱琴海相连。面积11350平方千米，平均深度约494米，平均含盐度2.2%。海中有两个群岛，克孜勒群岛在东北面，接近伊斯坦堡，为旅游胜地；马尔马拉群岛在西南面，与卡珀达厄半岛相望。自古就开采大理石、花岗岩和石板，沿岸城镇均为兴旺的工农业中心，有些是旅游胜地。

马尔马拉海

马尔马拉海东西长270千米，南北宽约70千米，面积为1.1万平方千米，平均深度183米，最深处达1355米。

亚速海

亚速海是乌克兰和俄罗斯南部海岸外的内陆海。向南通过刻赤海峡与黑海相连，形成黑海的向北延伸。亚速海长约340千米、宽135千米，面积约37600平方千米亚速海（浅色部分）。流入亚速海的河流有顿河、库班河和许多较小的河流，如卡利米乌斯河、别尔达河、奥比托奇纳亚河和叶亚河。西部有阿拉巴特岬，是一片113千米长的沙洲，将亚速海与锡瓦什海隔开。锡瓦什海是将克里米亚半岛和乌克兰大陆隔开的沼泽水湾。

亚速海最深处约14米，平均深度只有8米，是世界上最浅的海。由于顿河和库班河夹带大量淤泥，致其东北部塔甘罗格湾水深不过1米。这些大河的流入确保海水盐分很低，在塔甘罗格湾处几乎是淡水。然而，锡瓦什处的海水盐分很高。亚速海的西、北、东岸均为低地，其特征是漫长的沙洲、很浅的海湾和不同程度淤积的泻湖。南岸大都是起伏的高地，海底地形普遍平坦。

亚速海属温带大陆性气候。时而严寒，时而温和，经常有雾。正常情

亚速海

况下，沿北岸海面通常在 12 月～翌年 3 月结冰。海流以逆时针方向沿海岸环流。由于每年河水注入量不同，亚速海的年平均水平面差别高达 33 厘米。潮汐时水平面上下波动可达 5.5 米。

由于海水浅，混合状态极佳，甚至温暖，以及河流带入大量营养物质，因而海洋生物丰富。动物有无脊椎动物 300 多种，鱼类约 80 种，其中有鲟、鲈、欧鳊、鲱、鲂鲌、鲻、米诺鱼、欧拟鲤和鲴等。沙丁鱼和鳀鱼特别多。

亚速海货运量和客运量都很大，尽管某些地方太浅影响了大型远洋航业的发展。冬天用破冰船助航。主要港口有塔甘罗格、马里乌波尔、叶伊斯克和别尔江斯克。

红　海

红海是世界上含盐量最高的海，它横卧在亚洲的阿拉伯半岛和非洲大陆之间，呈西北—东南向延伸，长约 2000 千米，最宽处 306 千米，面积 45 万平方千米。红海的含盐量高达 4.1～4.2%，在深海底部的个别地区甚至

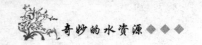

在 27% 以上，已经接近饱和，是世界海洋平均含盐量的 8 倍左右。红海含盐量特高的原因，与其所处的地理位置、气候条件、无河流淡水流入，以及与大洋之间的水量交换微弱有关。红海地处热带和亚热带，气温高，蒸发强，降水不足 200 毫米，海水长期浓缩。红海两岸皆为干旱荒漠地区，无一条陆上淡水河流入海，掺合稀释海水。红海与印度洋的连结通道比较狭窄，且上有石林岛和下有水底岩岭阻隔，使印度洋较淡的海水进不来，而自身的咸

美丽的红海之滨

水又出不去。另外，红海底部还存在好几处大面积"热洞"，大量炽热的岩浆沿着地壳的裂隙涌到海底，加热周围的岩石和海水，使深层海水温度高于表层。深层的高温海水泛到海面，更加剧了红海海水的蒸发浓缩过程，使其含盐量愈来愈高。红海由于含盐量特高，繁殖有大量红色海藻，海水呈红棕色，因而得名，倒也名符其实。

波罗的海

波罗的海是世界上含盐量最低、海水最淡的海，它位于欧洲大陆与斯堪的那维亚半岛之间，由北纬 54°向东一直延伸到北极圈以内，长 1600 千米，平均宽度 190 千米，面积 42 万平方千米，平均水深 86 米。波罗的海海水含盐量只有 0.7% ~ 0.8%，各海湾的含盐量更低，仅 0.2% 左右，完全不经处理就能直接饮用。波罗的海含盐量如此之低的原因，首先是其年龄小，形成时间不长，水质本来就好，含盐量不高；二是它位于高纬地区，气温

低蒸发弱，海水浓缩较慢；三是海域受西风带的影响，天然降水较多，可以补充淡化海水；四是其四周有为数众多的河流流入，大量淡水源源不断地补充；五是其与大西洋的通道又窄又浅，不利于海和洋间的水分交换，较咸的大西洋水很少进入。波罗的海的海水既浅又淡，在寒冷的冬季极易结冰，特别是东部和北部海域，每年都有较长时间的冰封期，不利航运。

碧波荡漾的波罗的海

马尾藻海

马尾藻海是世界上唯一没有边缘和海岸的海。马尾藻海既不是大洋的边缘部分，也不与大陆毗连，完全是一个没有明确边界的"洋中之海"，周围都是广阔的洋面。马尾藻海位于大西洋的中部海域，大致位于北纬20°~35°和西经30°~75°之间，面积很大，有数百万平方千米，是由墨西哥暖流、北赤道暖流和加那利寒流围绕而成。其之所以称之为马尾藻海，是因为它的海面上遍布一种无根的水草——马尾藻，身临其境放眼远望似一片无边无际的大草原。在海风和洋流的带动下，漂浮的密集马尾藻又像一幅向远处伸展的巨大橄榄绿地毯。此外，马尾藻海海域是一块终年无风区，在过去靠风力航行的年代，船舶一旦误入，十有八九被围困而亡，因而一向被视为恐怖的"魔海"。由于马尾藻海远离江河入海口，完全不受大陆的影响，因此浮游生物极少，海水碧青湛蓝，透明度高达66.5米，个别海域甚至可到72米，也是世界上透明度最大的海。

马尾藻海

黑 海

黑海是世界上显得最毫无生气和死气沉沉的海，它位于欧洲东南部巴尔干半岛和西亚的小亚细亚半岛之间，面积约42万平方千米，平均含盐量在2.2%以下。黑海的四周都是黝黑的崖岸，海水呈青褐色，名字由此而来，倒也确切。黑海基本上是个较为封闭的内海，北部经狭窄的刻赤海峡与亚速海相通，西南部经不宽的博斯普鲁斯海峡、马尔马拉海和达达尼尔海峡，可通往地中海。黑海的含盐量虽然较低，但在某些水深为155~300米的海域里，几乎没有生物生长。经科学家调查和研究，发现这些海域有硫化氢污染，水中缺乏氧气所致。黑海在与地中海的水流交换中，黑海较淡的海水由表层流出，收到的则是从深部流进的又咸又重的盐水，加上黑海内部环流速度较慢，被硫化氢污染的水层常年存在，生物不能存活，只能是基本无生命迹象的"死区"一块。

南 海

南海是我国大陆濒临的最大外海，面积约为350万平方千米，差不多是东海、黄海、渤海三海面积总和的3倍，平均水深1212米，最深

5559 米。南海几乎被大陆、半岛和岛屿所包围，其南部是加里曼丹岛和苏门答腊岛，西为中南半岛，东部是菲律宾群岛。东北部经台湾海峡和东海与太平洋相通，东部通过巴士海峡与苏禄海相连，南部经马六甲海峡与爪哇海、安达曼海和印度洋相通。南海岛屿众多，但除海南岛、黄岩岛和西沙群岛中的石岛外，多为珊瑚岛和珊瑚礁。南海由于地处热带和大部分地区较少受大陆影响，海水清澈湛蓝，透明度较大，分布有很多珊瑚岛和珊瑚礁，总称为南海

南 海

诸岛。南海诸岛分为东沙群岛、西沙群岛、中沙群岛、南沙群岛和黄岩岛。东沙群岛水产资源丰富；西沙群岛是海鸟的世界，鸟粪资源丰富，是优质肥料；中沙群岛是大量未露出水面的珊瑚礁；南沙群岛的面积最大，岛屿数量最多，其最南端的曾母暗沙是我国领土最南端。流入南海的主要河流有：我国的珠江、韩江，中南半岛的红河、湄公河、湄南河等。南海盛行季风漂流，夏季西南季风期为东北向漂流，冬季东北季风期为西南向漂流。南海的水温终年都很高，夏季北部海域为 28℃，南部海域可达 30℃；冬季除粤东海域较低为 15℃外，其他大部分海域仍达 24～26.5℃。南海的含盐量平均为 3.4%，近岸区因受大陆的影响含盐量较低，并且变化较大；外海区含盐量全年都较高，变化也小。南海主要经济鱼类有蛇鲻、鲱鲤、红笛鲷和中国鱿鱼，深海区有旗鱼、鲔鱼和鲸鱼，西沙和南沙群岛盛产海参和海龟等。南海北部的北部湾、莺歌海、珠江口等盆地，蕴藏着丰富的石油和天然气资源，远景甚好，正在勘探中。

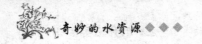

东 海

东海又称东中国海，是我国大陆濒临的第二大海，它西接中国大陆，北连黄海，东北以南朝鲜济州岛经日本五岛列岛至长崎半岛南端的连线为界，穿过朝鲜海峡与日本海相通，东面由日本九州岛、琉球群岛和中国的台湾岛把其与太平洋隔开，南经台湾海峡的南界与南海相通。东海海域面积为 77 万平方千米，平均水深 370 米，冲绳海槽最深为 2719 米。流入东海的河流有长江、钱塘江、闽江、瓯江和浊水溪等，其中长江的入海径流量最大，是东海西部沿岸低盐水存在的主要原因。东海海域岛屿众多，主要有台湾岛、澎湖列岛、钓鱼岛等，其中的钓鱼岛自古以来就是中国的领土。东海由于有大量的大陆河水进入，近岸水体为含盐量低的低盐水，外海的水体则是由黑潮及其分支构成的高盐水。冬季近岸水体的盐度在 3.1％ 以下，黑潮水域高达 3.47％；夏季长

东 海

江口处近岸水域的海水的含盐量可低到0.5%～1%，含盐量的年变幅高达2.5%。东海由于受黑潮和台湾暖流的影响，夏季西部我国近岸海域的水温为27～29℃；冬季西部海域水温低于10℃，而东部海域的水温约为20℃。东海的主要经济鱼类有带鱼、大黄鱼、小黄鱼、乌贼、鳓鱼、鲳鱼、鳗鱼、鲨鱼、鲐鱼、鲷鱼、海蟹、鱿鱼、马面鲀等，西部近海的舟山渔场、渔山渔场、温台渔场和闽东渔场，都是著名的渔场，钓鱼岛等岛屿附近也有不错的渔场。东海凹陷带油气资源蕴藏丰富，远景看好。另外，东海我国沿海一带潮汐动力资源丰富，具有良好的开发前景。

黄 海

黄海是我国大陆濒临的第三个大海，是西太平洋边缘海的一部分，由于古黄河曾在江苏北部沿岸汇入黄海，海水的含沙量高并呈黄褐色，因而得名。黄海的西面和北面与中国大陆相接，东部与朝鲜半岛为邻，西北与渤海相通，南与东海相连，东北经朝鲜海峡与日本的东海沟通，是一个半封闭的陆架浅海。面积38万平方千米，平均深度仅有44米，最大深度140米。流入黄海的主要河流有中朝界河鸭绿江、中国大陆淮河水系诸河流和朝鲜的大同江等。黄海中的主要岛屿是长山岛和朝鲜半岛西海岸的诸岛。黄海暖流和沿岸流是黄海的两支基本海流，流向全年稳定不随季节变化。黄海水团是由外海水团和沿岸水团混合而成，冬季是混合最为强烈的时期，也是盐度最高水温最低的季节，并且垂直分布均匀；夏季上层海水温度升至20～28℃，含盐量降至3.06%～3.17%，但下层仍为低温（6～12℃）和高盐水（含盐量3.16%～3.3%）。黄海的主要经济鱼类和虾类有：小黄鱼、黄姑鱼、叫多古鱼、带鱼、对虾、鹰爪虾、鲷鱼、鳓鱼、鲨鱼、鳕鱼、鲐鱼、鲅鱼、鲱鱼、鲳鱼、鲽鱼等。

渤 海

渤海是我国的内海，基本上被陆地所环抱，其东侧北半部是辽东半

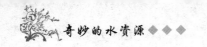
岛，北侧为下辽河平原，西侧是辽西山地和华北平原，南侧为山东半岛，仅东南部的渤海海峡与黄海相通，是一个近似封闭的浅海。渤海面积只有7.7万平方千米，平均深度18米，最大水深70米。进入渤海的主要河流有辽河、滦河、海河和黄河，在入海口的底部形成了各自的水下三角洲和谷地。西部的渤海湾海域，水深不足10米，是渤海的"滞缓区"，与出海口水体的交换能力很微弱，具有水浅和淤泥质潮间带的特征，

渤　海

自净能力较差，极易遭到污染。渤海的主要岛屿为庙岛列岛、长兴岛、凤鸣岛、西中岛、菊花岛等。主要经济鱼类有小黄鱼、鳓鱼、黄姑鱼、鲷鱼、带鱼、梭鱼、鲆鲽、鲅鱼、鲈鱼、毛虾和对虾等。渤海位置靠北，每年冬季沿岸都有不同程度的结冰现象，在重冰年大部分海面封冻，并在港口有厚冰堆积，船只常被冻在海上，航运交通中断。渤海沿岸盛产海盐，西岸长芦盐场的海盐产量居全国首位。近年来，渤海海上石油勘探开发取得成效，前景看好。

　　从整个地球表面来看，海洋分布是很不均匀的，南半球的海洋面积比北半球大得多，西半球海洋面积比东半球也大得多。如果我们再仔细地观察一下地球仪，将会发现以大洋洲的新西兰东面的安蒂波德斯群岛附近为中心的半个地球面，海洋占到90.5%，相当于全球海洋总面积的63.9%，陆地仅占9.5%。因此，人们又把这个半球称为水半球。

　　地球上的海洋是彼此连通的，而陆地却被海洋分隔成彼此不相连的、大小十分悬殊的、数以万计的陆地块。除几块主要大陆外，其他都称为岛屿。北美洲的格陵兰岛是世界上最大的岛。太平洋范围内的岛屿最多，光

世界上最大的群岛国家印度尼西亚就有 13000 多个大小岛屿，这些岛屿基本上都在太平洋水域范畴。海洋与陆地互相伸展，又形成诸多的海湾、内海和半岛。如墨西哥湾、孟加拉湾和波罗的海等，都是世界上著名的海湾或内海。地中海不是海湾，也不叫内海，因为它是位于两个大陆（欧、非大陆）之间的海，所以称它是陆间海。它的面积有 250.5 万平方千米，是世界上最大的陆间海。

我们伟大的祖国东部和南部濒临世界上最大的洋——太平洋。自北向南将临近我国大陆和岛屿的海洋部分划分为渤海、黄海、东海和南海，这些海由于基本上是以半岛或岛屿与大洋分开，因此又称为中国的边缘海。其中渤海伸入陆地，被山东半岛和辽宁半岛所环抱，仅有狭窄水道与黄海相通，成为我国最大的内海。这 4 个海域总面积为 473 万平方千米，几乎等于我国陆地面积的 1/2。其中南海最大，面积达 350 万平方千米，几乎是其他 3 个海域面积总和的 3 倍。

我国的海岸线很长，大陆海岸线就有 18000 多千米。

我国海上大小岛屿也较多，共有 5000 多个，90% 都分布在东海和南海。我国最大的台湾岛和第二大岛海南岛就分别在东海和南海海域。这两个大岛与其周围的岛屿分别组成我国的台湾省和海南省。

伸入海中（或湖中）的陆地，三面临水，一面与陆地相连，称之为半岛。世界上最大的半岛在亚洲西南部的阿拉伯半岛，其面积有 300 万平方千米。

我们已经知道原始生命是在海洋中孕育的。人们或许会想，既然知道地球上最初的生命诞生于海洋，凭借现代高科技的手段，揭开地球上最初的生命产生之谜，应当不是难事。其实，远非如此。地球的存在岁月已有 46 亿年，地球上最早的生命出现也有 35 亿年甚至更早。几十亿年前的地球，今非昔比，远不是今天如此美丽而"温顺"的地球。早期的地球，常遭受着巨大的星际物质不时的撞击。这巨大的撞击和不断的火山爆发，使蕴藏于地球岩石中的大量尘埃、水和气体散发、释放到大气，遮天蔽日，整个地球处于冥冥黑暗之中，只有猛烈的狂风肆虐着地球。那时的大气组

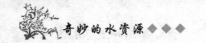

分也远非今天的大气。那时的大气由尘埃、二氧化碳、水蒸气、氮气等组成，密度很大、温度很高。那时的海洋也与今天碧波万顷的海洋迥然不同，炽热的岩浆海在地球大地上到处沸腾着、咆哮着，这种情况维持了亿万年。随着时间的推移，星际物质撞击和火山喷发减少了，地球表面逐渐冷却，巨雷闪电、狂风暴雨将大气中的水蒸气变成降水落到地面，形成初始的海洋。这原始的海洋与今天的海洋亦大相径庭：海水是酸性的，温度比今天海水高得多，但盐度却很低，整个海洋都是惊涛巨浪，海啸四起，因为海里的火山经常爆发。那时的月亮比今天的月亮距地球要近得多，所以海洋的潮汐很强。

地球上最早的生命在古代海洋中开始，这时的地球已有数亿年的岁月了。

那时的地球虽然仍有些动荡不安，但星际物质猛烈碰撞的时代却基本结束，大海虽然不像今天这样蔚蓝，但海洋的温度却已降到生物足以生存的地步。总之，这时地球特定的气候，海洋特定的环境，正适宜生命诞生，乃至于生存下去。有了生命，寂寞的地球就开始有了生机。随着生物的进化，光合细菌和藻类的产生，利用光能、水和二氧化碳制造出有机物和氧气的光合作用开始，地球的大气开始了氧气的富集，这就更加适合高一级生物的生存，一个生机勃勃的地球出现了。生命，把地球妆扮得更加美丽。当然，在地球生命诞生和生存进化的亿万年漫长的岁月中，决不是一帆风顺的。恶劣环境的出现，常使一些生命灭亡，幸运地是，总有新的生命诞生。生物整个发展过程中，经受了达尔文学说"物竞天择、适者生存"的严峻考验，我们生存的家园——地球，才有今天如此丰富多彩，生机盎然的生物世界。

广阔浩瀚的海洋，蕴藏着极为丰富的资源。这些资源一般可以分为海洋生物资源和海洋非生物资源。现在我们生活着的地球上已经发现形形色色、五彩缤纷的生物不下 200 万种，而绝大部分的生物生存空间在海洋之中。海洋有种类繁多，难以计数的生物资源。海洋生物千姿百态、丰富多彩。地球上最大的动物——蓝鲸，生活在海洋之中，它体长可达 40 米，体重可有数百吨。现在陆地上最大的动物——大象，若在硕大的蓝鲸面前也就显得十分娇小了。

海洋的生物资源包括鱼类、虾类、贝类、兽类及海底植物等。世界海洋中的鱼类有25000多种。像日本北海道附近的海域、北美洲加拿大的纽芬兰岛周边海域、南美洲的秘鲁沿海、欧洲北面的北海等，多是寒暖流交汇的地方，饵料充裕，鱼群密集、鱼类繁多，是世界著名的大鱼场。

蓝 鲸

我国近海海域面积广阔，浅海渔场有150万平方千米，约占世界浅海渔场面积的1/4。我国大陆架宽而浅，阳光可以直射海底，水温适宜；有众多的河流注入近海，带来丰富的有机质和营养盐类，再加上寒、暖海流交汇，海水搅动，营养盐类上浮，使浮游生物大量生长，饵料丰富，鱼类猛增。我国海洋水产极为丰富，各种鱼类有5000多种，还有众多的虾、蟹、贝、藻类等。我国东海海域的舟山渔场是我国最大的渔场，素有"天然鱼仓"之称。

我国沿海潮滩地带，海水养殖业也比较发达，"种植"海带、"放牧"虾群，主要有经济价值较高的海带、紫菜和虾、贝等。

海洋不仅为人类提供了丰富的生物资源，还蕴藏着大量非生物资源。海洋非生物资源包括海水化学资源、海底矿产资源和海水动力资源。

海水中含有80多种化学元素，盐类是海水中含量最多的物质。由于海洋水量巨大，这些元素即使在海水中单位含量极少，就整个海洋来说，其总量也是很大的。有人估算过，如果把海洋中的盐类全部提取出来，平铺在地球陆地上，可以使陆地增高150米。

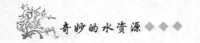

繁茂美丽的海洋生物

海底有丰富的矿产资源，除了石油、天然气外，还有金、铂、金刚石、铁、锰等金属或非金属矿物。有许多矿物储量巨大，远远大于陆地上的储量，只是由于开采难度大，尚未能大量开采。据估计，我国近海石油储量有100多亿吨。目前我国已在渤海、东海、南海开采了石油。

大海十分有规律的潮汐和波涛汹涌的海浪，以及那些川流不息的海流等，都蕴含着巨大的能量，如果把它们转换为电能，造福人类，将是巨大的永恒财富。临海的发达国家，像美国、日本、俄罗斯等，利用潮汐发电已有多年的历史，也取得了比较成熟的技术和经验；美国、德国等发达国家，已着手研究利用海浪起伏和海流流动的能量发电。我国光可利用的潮汐能就有3500万千瓦。我国最大的潮汐电站在浙江省温岭县，我国东南沿海其他地区还建了几十座小型潮汐电站。

作为能源，核能的利用已越来越显示出它的光辉前景。核电站就是利用核能发电。利用核能发电，在掌握了先进核能技术的发达国家电能中，已占越来越大的比重。利用重核裂变释放的能量发电的核电站的"燃料"（如铀235）在地球上的储量并不丰富，像我国就是一个贫铀国家。现在世

海上石油勘探

界上许多国家都在积极研究可控热核反应的理论和技术。

　　而热核反应所用的燃料如氘，在海洋中储量非常丰富。1升海水中大约有0.03克氘，如果用来进行热核反应，放出的能量大约与燃烧300升汽油相当。因此，可以说当人类完全掌握了可控热核反应技术后，海洋就成为无穷的能量源泉。

　　一望无际的海洋，对地球温度的调控也起到了无可代替的作用。地球的温度之所以能保持在生物可以适应、生长发育并繁衍的适宜范围，海洋是个大"功臣"。海洋和大气的相互作用控制着地球的气候和天气变化。液态水的比热容是4186.8焦／（千克·开尔文）（1千克水温度升高或降低1开尔文时需要吸收或放出的热量为4186.8焦），比常温下其他液态物质的比热容大得多。例如，酒精、煤油的比热容只是水的一半多点，水银的比热容就更小了，只有水的1/30（这就是为什么用水银做温度计测量体温的原因）。水的比热容是干泥土和砂石的4～5倍。这就是说，在同样

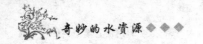

温度变化的条件下，干泥土和砂石温度的变化是水的 4～5 倍。何况水有很大的熔解热和更大的汽化热。海洋又如此辽阔，水量如此巨大，其温度的变化（升高或降低）都要吸收或释放出巨大的热量，这就使地球表面的温度不会像没有海洋的月球那样大起大落，昼夜温差高达几百度，而只是在几十度的范围内变化，这也正是海滨地区昼夜及一年四季气温变化比远离海洋的内陆小得多的原因。

地球上各大洋的海水，时刻都在运动着。大洋表层的海水常顺风飘流，人们把大股海水常年朝一定方向流动，叫做洋流，也叫海流。从水温低的海域流向水温高的海域的洋流，叫做寒流。例如，太平洋北部的千岛寒流。从水温高的海域流向水温低的海域的洋流，叫做暖流。例如，北大西洋暖流。一般在寒流经过的沿海地区，特别是经常有风从寒流上空吹向陆地的地区，受其影响，气温较低，降水也较少；在暖流经过的沿海地区，特别是经常有风从暖流上空吹向陆地的地区，受其影响，气温较高，降水也较多。例如，法国巴黎和英国伦敦由于受大西洋暖流的影响，尽管其纬度比俄罗斯的远东太平洋沿岸的最大海港城市符拉迪沃斯托克（海参崴）高，但由于后者受来自北冰洋的寒流影响，巴黎和伦敦的气温比符拉迪沃斯托克要高，降水量也多得多。

千万条江河归大海，海纳百川乃成其大。集中了地球上水量的 91% 的世界大洋的水平面变化，可以作为地球上水量变化的标志。现代的科学技术已经可以比较精确地测量海洋面的细微变化。如果地球上总水量增加，海洋面就上升；减少，海洋面就下降，这当然是千真万确的论断。但是反过来认为，如果海洋面上升，地球上总水量就增加；下降，总水量就减少，这结论就有失偏颇了。因为海洋面的变化有着诸多因素，远不只是地球上总水量变化这一最直观因素所决定的。前文谈到，在历史的长河里，现在我们完全可以认为地球上总水量是不变的，可是近百年来世界各海洋面都或多或少在发生变化，明确地讲，世界各海洋面都在上升。例如，波罗的海北部的海面，100 年来上升了 100 厘米之多；芬兰湾赫尔辛基附近海面上升了 30 多厘米……特别是最近 50 年来，世界大洋面平均每年以 1.5～2 毫米的速度上升。前已叙及，浩瀚广阔的海洋占去地球表面的 70% 还多，几乎是月球表面积的 10 倍。海洋面每升高 1 厘米，其体积的改变都是巨大的，约为 400 立方千米，相当于世界人均 60 多立方米的水量（世界人口按 65 亿计算），而实际地球上总水量并无变化，那是什么原因使世界上海洋面上升如此之多呢？如果详尽分析，其原因是多方面的，也是很复杂的。例如，如果地球上的水文大循环发生变化，进入陆地上的水量比正常情况（也只是一个多年平均量）少，海洋水量就增多，海洋面就上升；反之，进入陆地上的水量比正常情况多，海洋水量就减少，海洋面就下降。虽然要在世界范围内精确地测定水量平衡的变化是有困难的，但在时间的长河里，近百年人们观察测定，海洋在地球水文大循环中，进入陆地的水量并无大的变化，只是时空上的差异而已。这就是说，近百年来海洋面的上升，并不是由于地球上的水文大循环引起的，地球变暖，气温上升才是近百年来海平面上升的真正原因。这是由于现代工业发展后，人类大量燃烧煤、石油、天然气，向大气中排放的二氧化碳日益增多。二氧化碳能够大量吸收地面放出的热量，使大气增温，根据科学家的测算，近百年来地球平均气温升高了约 2℃，海洋水受热膨胀，海平面就会上升。更为重要的是，由于地球变暖不仅陆地上冰川和雪盖到处开始融化、渐退，每年有几十立方千米的融水进入海洋，就是冰封亿万年的南极周边也加速融化，永冻土底冰也在减少……如果人类现在还不设法减少向大气中排放二氧化碳，全球平均气温还会持续升高，两极冰川将会全部融化，全球海平面将会大大升高。有人估算过，如果南极洲的冰雪全部融化，海平面的高度将上升 60 米，那将危及许多岛屿和大陆沿海的低平原与城市，世界上大量的陆地（大部分是沃土良田）将会被海洋吞没，人类将失去难以计数的美好家园，这对人类将是多大的灾难啊。

世界乃至于宇宙万物，无时无刻都处于变化之中，绝对不变之物是没有的，地球上的海洋也是如此。不仅海水的温度、海平面的高低等总在变化之中，就是海洋的大小，四大洋的面积也在变化。过去曾认为海洋是个封闭系统，而现在它正呈现缩小的趋势。自从20世纪初，德国科学家魏格纳提出的"大陆飘移假说"被板块构造理论证实后，地球上大陆飘移得到科学界普遍的认同。根据测量，大西洋在扩张，太平洋在收缩；红海在不断扩大，而欧、非两洲之间的地中海正在不断地缩小。有人

全球变暖导致海平面上升

预言，几千万年后，红海将成为新的大洋，地中海将消失，太平洋也不再是最大的洋了。

江 河 湖 泊

奔腾不息的江河水和波光潋滟的湖泊水对地球总水量而言是微不足道的，就是在地球总淡水量中也只占极少部分。但是江河湖泊水是地球陆地上分布广、更换周期短、与人类关系最密切、最便于开发利用的水体。一个国家江河湖泊水量的多少，常常可以直接标识其水资源的丰富或贫乏程度。人类的祖先早就懂得，濒临江河湖泊是最宜于颐养生息的地方。黄河是中华民族的摇篮，有了黄河，才有炎黄子孙的繁衍，才有中华民族的悠久文明；有了幼发拉底河和底格里斯河才有文明古国巴比伦；恒河孕育了印度的古代文明；尼罗河使埃及的古代文明大放异彩。世界上大多数城市都邻近江河湖泊，一个远离江河湖泊的城市，往往会因为缺水而受到制约。

地球上的江河若不计长短，湖泊若不计大小，其数量是难以计数的。

所以我们所谈及的都是主要江河湖泊。

如果以长度来衡量江河的大小，世界上长度超过 1000 千米的江河就有 60 多条。这 60 多条大河，在各大洲（除南极洲）的分布数量多少排序基本上与六大洲面积大小排序相同。面积最大的亚洲，长度超过 1000 千米的江河有 20 条，面积最小的大洋洲只有 5 条，非洲有 16 条，北、南美洲各有 12 条，欧洲有 10 条。

亚洲主要河流

名　　称	长度/千米	流域面积/万平方千米	河口年平均流量/（立方米/秒）
长江	6379	180.85	32400
黄河	5464	75.24	1500
湄公河	4500	81.0	12000
黑龙江（以额尔古那河为源）	4370	184.3	12500
勒拿河	4320	241.8	16400
叶尼塞河（以大叶尼塞河为源）	4130	270.7	19600
鄂毕河（以卡通河为源）	4070	242.5	12600
萨尔温江	3200	32.5	8000
印度河	3180	96.0	7000
锡尔河	2991	21.9	430
幼发拉底河（以穆拉特河为源）	2750	67.3	3000
恒河	2700	106.0	25100
阿姆河	2600	46.5	1330
珠江	2197	44.0	10000

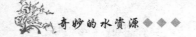

（续表）

名　称	长度/千米	流域面积 /万平方千米	河口年平均流量 /（立方米/秒）
伊洛瓦底江	2150	43.0	13600
塔里木河	2137	19.8	
底格里斯河	1950	37.5	700
昭披耶河（湄南河）	1200	15.0	

　　南美洲的亚马孙河除长度略逊于非洲的尼罗河而屈居世界第二外，在流域面积和河口年平均流量方面均独占鳌头。它的流域面积是尼罗河的 2 倍多，几乎等于我国长江的 4 倍；它的河口年平均流量为我国长江的 3.7 倍，是尼罗河的 52 倍。这是因为亚马孙河流域地处赤道附近，雨量充沛，汇水面积又大。亚马孙河上游多急流瀑布，中、下游自西向东横贯巴西北部，河宽水丰，支流繁多，其长度超过 1000 千米的支流就有 20 多条。亚马孙河

蜿蜒的亚马孙河

注入大西洋，洪水期间，河口一片汪洋，有"河海"之称，每年注入大西洋的水量占全世界河流注入海洋的 1/6，使巴西成为世界上水资源最丰富的国家。

刚果河尽管其长度只及尼罗河的 2/3，比我国长江还短 1700 多千米，但是由于刚果河流域地处非洲降水量大的赤道附近，其汇水面积又大，汇集了丰富的降水，入海（大西洋）河口年平均流量比我国长江还多 1/4。

我国幅员辽阔，河流众多。流域面积在 100 平方千米以上的河流就有 5 万多条，流域面积超过 1000 平方千米的也有 1500 多条。外流区和内流区分别占国土总面积的 2/3 和 1/3。

外流河

我国著名的外流河有黄河、长江，还有松花江、珠江、辽河、海河及淮河，它们构成我国外流区的七大水系。还有东南沿海的钱塘江（浙江省第一大河）、瓯河（浙江省第二大河）、闽江（福建省第一大河）和九龙江（福建省第二大河）等水系。此外，两广（广东省和广西省）沿海、山东半岛和辽宁半岛、台湾岛与海南岛、河流虽多，但都比较短小。这些河流除松花江汇入黑龙江流出国外，其余皆东流入太平洋。

黄　河

黄河是我国的第二长河，世界第五长河，源于青海巴颜喀拉山，干流贯穿 9 个省、自治区：青海、四川、甘肃、宁夏、内蒙古、陕西、山西、河南、山东，年径流量 574 亿立方米，平均径流深度 79 米。但水量不及珠江大，沿途汇集有 35 条主要支流，较大的支流在上游，有湟水、洮河，在中游有清水河、汾河、渭河、沁河，下游有伊河、洛河。两岸缺乏湖泊且河床较高，流入黄河的河流很少，因此黄河下游流域面积很小。

黄河从源头到内蒙古自治托克托县区河口镇为上游，河长 3472 千米；河口镇至河南孟津间为中游，河长 1206 千米；孟津以下为下游，河长 786 千米。黄河横贯我国东西，流域东西长 1900 千米，南北宽 1100 千米，总面积达 752443 平方千米。

黄河，像一头脊背穹起、昂首欲跃的雄狮，从青藏高原越过青、甘两省的崇山峻岭；横跨宁夏、内蒙古的河套平原；奔腾于晋、陕之间的高山深谷之中，破"龙门"而出，在西岳华山脚下掉头东去，横穿华北平原，急奔渤海之滨。

咆哮的黄河

上游河段流域面积38.6 万平方千米，流域面积占全黄河总量的 51.3%。上游河段总落差 3496 米，平均比降为 10/1000；河段汇入的较大支流（流域面积 1000 平方千米以上）43 条，径流量占全河的 54%；上游河段年来沙量只占全河年来沙量的 8%，水多沙少，是黄河的清水来源。上游河道受阿尼玛卿山、西倾山、青海南山的控制而呈 S 形弯曲。黄河上游根据河道特性的不同，又可分为河源段、峡谷段和冲积平原三部分。

从青海卡日曲至青海贵德龙羊峡以上部分为河源段。河源段从卡日曲始，经星宿海、扎陵湖、鄂陵湖到玛多，绕过阿尼玛卿山和西倾山，穿过龙羊峡到达青海贵德。该段河流大部分流经于三四千米的高原上，河流曲折迂回，两岸多为湖泊、沼泽、草滩，水质较清，水流稳定，产水量大。河段内有扎陵湖、鄂陵湖，两湖海拔高程都在 4260 米以上，蓄水量分别为47 亿立方米和 108 亿立方米，为我国最大的高原淡水湖。青海玛多至甘肃玛曲区间，黄河流经巴颜喀拉山与阿尼玛卿山之间的古盆地和低山丘陵，大部分河段河谷宽阔，间或有几段峡谷。甘肃玛曲至青海贵德龙羊峡区间，黄河流经高山峡谷，水流湍急，水力资源丰富。发源于四川岷山的支流白河、黑河在该段内汇入黄河。

从青海龙羊峡到宁夏青铜峡部分为峡谷段。该段河道流经山地丘陵，因岩石性质的不同，形成峡谷和宽谷相间的形势；在坚硬的片麻岩、花岗岩及南山系变质岩地段形成峡谷，在疏松的砂页岩、红色岩系地段形成宽谷。该段有龙羊峡、积石峡、刘家峡、八盘峡、青铜峡等 20 个峡谷，峡谷两岸均为悬崖峭壁，河床狭窄、河道比降大、水流湍急。该段贵德至兰州间，是黄河三个支流集中区段之一，有洮河、湟水等重要支流汇入，使黄河水量大增。龙

黄河上游段

羊峡至宁夏下河沿的干流河段是黄河水力资源的"富矿"区，也是我国重点开发建设的水电基地之一。

从宁夏青铜峡至内蒙古托克托县河口镇部分为冲积平原段。黄河出青铜峡后，沿鄂尔多斯高原的西北边界向东北方向流动，然后向东直抵河口镇。沿河所经区域大部为荒漠和荒漠草原，基本无支流注入，干流河床平缓，水流缓慢，两岸有大片冲积平原，即著名的银川平原与河套平原。沿河平原不同程度地存在洪水和凌汛灾害。河套平原西起宁夏下河沿，东至内蒙古河口镇，长达 900 千米，宽 30～50 千米，是著名的引黄灌区，灌溉历史悠久，自古有"黄河百害，唯富一套"的说法。

中游流域面积 34.4 万平方千米，占全流域面积的 45.7%；中游河段总落差 890 米，平均比降 0.74‰；河段内汇入较大支流 30 条；区间增加的水量占黄河水量的 42.5%，增加沙量占全黄河沙量的 92%，为黄河泥沙的主要来源。

河口镇至禹门口是黄河干流上最长的一段连续峡谷——晋陕峡谷，河段内支流绝大部分流经黄土丘陵沟壑区，水土流失严重，是黄河粗泥

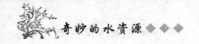

沙的主要来源，全河多年年均输沙量 16 亿吨中有 9 亿吨来源于此区间；该河段比降很大，水力资源丰富，是黄河第二大水电基地；峡谷下段有著名的壶口瀑布，深槽宽仅 30～50 米，枯水水面落差约 18 米，气势宏伟壮观。

禹门口至三门峡区间，黄河流经汾渭平原，河谷展宽，水流缓慢。河段两岸为渭北及晋南黄土台塬，是陕、晋两省的重要农业区。该河段接纳了汾河、洛河、泾河、渭河、伊洛河、沁河等重要支流，是黄河下游泥沙的主要来源之一，多年年均来沙量 5.5 亿吨。该河段在禹门口至潼关（即黄河小北干流）的 132.5 千米河道，冲淤变化剧烈，河道左右摆动很不稳定。该河段在潼关附近受山岭约束，河谷骤然缩窄，形成宽仅 1000 余米的天然卡口，潼关河床的高低与黄河小北干流、渭河下游河道的冲淤变化有密切关系。

三门峡

三门峡至桃花峪区间的河段由小浪底而分为两部分：小浪底以上，河道穿行于中条山、崤山之间，为黄河干流上的最后一段峡谷；小浪底以下，河谷渐宽，是黄河由山区进入平原的过渡地段。

下游流域面积仅 2.3 万平方千米，占全流域面积的 3%；下游河段总落差 93.6 米，平均比降 0.12/1000；区间增加的水量占黄河水量的 3.5%。由于黄河泥沙量大，下游河段长期淤积形成举世闻名的"地上悬河"，黄河约束在大堤内成为海河流域与淮河流域的分水岭。除大汶河由东平湖汇入外，本河段无较大支流汇入。

下游河段除南岸东平湖至济南间为低山丘陵外，其余全靠堤防挡水，堤防总长 1400 余千米。历史上，下游河段决口泛滥频繁，给中华民族带来了沉重的灾难。由于黄河下游由西南向东北流动，冬季北部的河段先行结冰，从而形成凌汛。凌汛易于导致冰坝堵塞，造成堤防决溢，威胁也很严重。

黄河下游

下游河段利津以下为黄河河口段。黄河入海口因泥沙淤积，不断延伸摆动。目前黄河的入海口位于渤海湾与莱州湾交汇处，是 1976 年人工改道后经清水沟淤积塑造的新河道。最近 40 年间，黄河输送至河口地区的泥沙平均约为 10 亿吨/年，每年平均净造陆地 25～30 平方千米。

长 江

长江又名扬子江，是我国的第一大河，世界第三大河，全长 6300 千米，流域面积 181 万平方千米，年平均入海流量 30900 立方米/秒，年入海径流量约 1000 立方千米。长江的正源沱沱河，发源于青海省唐古拉山主峰各拉丹东雪山的西南侧，由西向东流经青海、西藏、云南、四川、重庆、湖北、

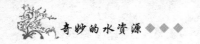

湖南、江西、安徽、江苏、上海等9个省、自治区和2个直辖市，最后在上海的吴淞口以下注入东海。长江的支流则延展至甘肃、陕西、河南、广西、广东、福建等8个省（区）。长江流域西以芒康山与澜沧江水系为界，北以巴颜喀拉山、秦岭、大别山与黄、淮水系相隔，南以南岭、武夷山、天目山与珠江和闽浙诸水系为邻，东临东海，为一东西长、南北窄的流域。长江流域是我国经济高度发达的流域，内有耕地4亿多亩，生活着3.58亿人口，生产全国36%以上的粮食，23%以上的棉花和70%的淡水鱼类。长江水系十分发育，支流、湖泊众多，干流横贯东西，支流伸

长江三峡巫峡

展南北，由数以千计的支流组成一个庞大的水系。主要支流有雅砻江、岷江、沱江、嘉陵江、乌江、湘江、汉江、赣江、青弋江、黄浦江等18条，它们串连着鄱阳湖、洞庭湖、太湖等大大小小湖泊。

长江上游河段在各省有不同的名称，在青海省玉树县以上称通天河，玉树至四川宜宾一段叫金沙江，宜宾到湖北宜昌段称川江，湖北枝城至湖南城陵矶段叫荆江。习惯上人们将宜宾以下的干流段称为长江。宜昌以上为长江上游，长4529千米。上游宜宾以上的干流属峡谷段，河道比降很大，河流深切，滩多流急，云南境内的虎跳峡长15千米，两岸雄峰对峙，壁立千仞，江面狭窄仅有30～60米，江面至峰顶的绝对高差达3000米，是世界上最深的峡谷之一。奉节以下是由瞿塘峡、巫峡、西陵峡组成的长江三峡，长240千米，两岸的群峰高耸入云，悬崖峭壁压顶，风景十分壮美，是世界上著名的旅游胜地之一。宜昌至江西的湖口段为长江中游，长度为948千米，江水流淌在冲积平原上，河曲和牛轭湖极其发育，多湖泊和洼地，我

赤水河为长江上游右岸支流

国的第一和第二大淡水湖鄱阳湖和洞庭湖，就分布在江西和湖南境内的长江边上。湖北荆江段的江面高出两岸平原，长江在此形成用堤坝约束的"地上悬河"，是常发生水患的江段，防洪问题非常突出，是 1998 年夏季抗洪的主战场。江西湖口以下为下游，长 830 千米，水深江阔，水位变幅较小，通航能力大。河口三角洲面积广大，有崇明岛等沙岛。长江流域，除西部一小部分为高原气候外，都属亚热带季风气候，温和湿润，雨量充沛，多年平均降水量 1100 毫米左右，河流水量丰富而稳定，年际变化较小。长江流域的水力资源极其丰富，总落差高达 5400 米，理论蕴藏量为 2.64 亿千瓦，其中干流为 9168 万千瓦，占全流域水能拥有量的 34.2%。目前在干支流上已建成了三峡、葛洲坝、龚嘴、丹江口、柘溪等大型水电站。其中三峡水利枢纽工程，总装机容量为 1.768 万千瓦，多年平均发电量可达700 亿~840 亿度，居世界首位。南水北调工程，则是有助于解决我国北方干旱缺水的关键工程。长江是我国的"黄金水道"，自古以来就是东西水上运输的大动脉。目前干、支流的通航里程约为 7 万千米，其中可通航机动船

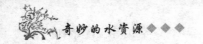

舶的有 3 万多千米，万吨海轮可逆河上溯至江苏南京，5000 吨海轮可直航湖北武汉，1000 吨级船舶可航达重庆市。长江沿岸是我国工业最为集中的地带，沿江有重庆、武汉、南京、上海等大城市和为数众多的中小城市。

珠　江

珠江旧称粤江，是我国南方最大的河流，河长 2120 千米，流域面积 45.3 万平方千米（含越南境内的 1.16 万平方千米），多年平均入海流量为 11070 立方米/秒，年入海径流量 349.2 立方千米，为黄河水量的 6 倍。珠江是我国第六长河，但其水量仅次于长江，为我国第二大河。珠江是指包括西江、北江、东江和珠江三角洲诸河在内的总称，具有复合流域和复合三角洲的特点。珠江流经云南、广西、贵州、湖南、江西、广东六省（区），支流众多，以西江为干流。西江发源于云南省沾益县的马雄山，从上游到下游各个河段都有别称。由河源至蔗香双江口（贵州）叫南盘江，双江口至象州三江口（广西）称为红水河，三江口至桂平（广西）叫黔江，桂平至梧州（广西）称浔江，梧州以下至河口段始称西江，经磨刀门注入南海。西江的上游为由河源到三江口，河流川行在高原盆地和峡谷之间，河道深切狭窄，多急流险滩。三江口至梧州为中游，除个别河段水深流急外，其他河段都有较宽阔的河谷，两岸平坦，耕地集中，人口稠密。梧州以下为下游，河宽水深，几无险滩，为长年可以通航的优良水道。北江的正源为浈水，发源于江西信丰县大庾岭的南坡，流至韶关附近与武水汇合后称北江，韶关以下河段顺直，沿途接纳连江等支流，在三水附近进入珠江平原，并与西江沟通，主流则由洪奇沥入海，全长 468 千米。东江发源于江西寻乌县南岭山地的大竹岭，称寻乌水，到广东龙川以下始称东江。干流分为数股，与北江沟通，干流河段多沙洲，河床不稳定，最后由虎门入海，全长 532 千米。寻乌水为东江的上游，水浅河窄，河床陡峻；广东龙川县合河坝至博罗县观音阁为中游，河道比降变缓；观音阁至东莞石龙为下游，河宽水缓多沙洲，河床不稳定经常摆动。珠江水系的三江入海处，发育有各自的三角洲，相互连接成面积为 1.1 万平方千米的珠江三角洲平原。

珠江两岸

珠江平原上河道密布，相互沟通，构成网状水系，主要水道有 34 条。珠江水力资源丰富，航运价值极大，常年可以通航的里程有 1.2 万千米之多，广州黄埔港能通航万吨轮船，千吨轮船可溯西江直达梧州。珠江流域城镇众多，人口稠密，经济发达。广州市是我国南方最大的对外开放城市，毗邻港、澳的深圳和珠海是我国重要的经济特区。

辽　河

辽河位于我国东北地区的南部，河长为 1340 千米，流域面积 21.9 万千米，多年平均入海流量为 650 立方米/秒。辽河正源为老哈河，发源于河北省老图山的光头山，在苏家堡附近接纳西拉木伦河后称为西辽河。西辽河东流先后接纳敖来河与新开河两支流，在福德店附近与发源于吉林省辽源市哈达岭的东辽河相汇合后，始称辽河。辽河开始东南流，后转向西南流，沿途接纳招苏台河、清河、柴河、汛河、秀水河、养息牧河、柳河等支流后，在 6 间房子以下河道分为 2 股：东股叫外辽河，西股称双台子河。外辽河在三岔河汇入浑河、太子河后称为大辽河，最后在营口注入渤海。1958

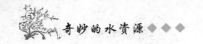

年大辽河在六间房子附近被人工堵截，浑河和太子河遂成为独立水系，而辽河干流则在盘山附近注入渤海。辽河干流及其支流的上游流经山区，比降较大，河槽深切，水流湍急。中游为黄土丘陵区，天然植被多遭破坏。加之流域多暴雨，水土流失极为严重。辽河下游为冲积平原，入海处形成河口三角洲。西辽河干流流经黄土区和流沙区，森林植被缺乏，河谷宽平，比降不大，泥沙淤积，河床抬高，汛期常发生洪涝灾害。辽河水量的年际变化很大，丰枯悬殊，年内分配更不均匀，水量高度集中在汛期，其他时间经常断流。以前西辽河流域曾是东北地区"十年九涝"的"南大荒"，1949年后经较大规模治理，洪涝灾害大为减轻。辽河因水量变化大，且每年都有3个月的封冻期，内河航运不发达，只有小船可上溯至三江口。辽河流域曾是我国重工业最为发达的地区，其中，下游地区集中分布着沈阳、抚顺、鞍山、本溪等大、中型工业城市，又是东北地区和辽宁省的重点商品粮基地，用水量很大，河流污染极其严重，需引起重视。

辽　河

海　河

海河是我国华北地区的大河，由蓟运—潮白—北运河、永定河、大清河、子牙河和漳卫—南运河五大水系组成。这些河流由北、西北和西南方向汇聚于天津，经大沽注入渤海。海河是指天津金刚桥至大沽的干流河段，长73千米。如以漳卫河为正源起算，则河长为1090千米，流域面积26.5万平方千米，多年平均入海径流量约20立方千米。

（1）蓟运河、潮白河、北运河　虽是三条独立的河流，但目前在防洪输水方面已连成一体。蓟运河由州河及句河二源汇合而成，南流在江洼口接纳还乡河等到北塘入永定新河，然后入海。州河建有于桥水库，将经滦河—蓟运河分水岭穿山渠道引进的水储入其中，向天津供水。潮白河是由白河和潮

海　河

河在密云县汇流后组成，其平原河段的河道常迁徙不定，无固定入海通道，有时在通县附近入北运河，有时经箭杆河入蓟运河。1950年开挖了潮白新河，由河北香河县引潮白河水经黄庄、七里海入蓟运河，至北塘注入渤海。1960年在潮白河上建成密云水库，作为保证首都北京用水的主要水源之一。北运河为京杭大运河的最北段，由北京市的通县至天津市，是13世纪利用白河下游河道修成。北运河有潮白河与温榆河两源，在屈家店与永定河汇合。1958年在温榆河上建成了解决北京部分供水的十三陵水库。

（2）永定河　是历史上海河水系最不稳定的一条河流，上源发源于山西北部管山东麓桑干泉的桑干河和发源于内蒙古高原南缘兴和县境内的洋河组成，于怀来县米官屯汇流后始称永定河，下流入泛水河，经官厅三峡至三家店出峡谷，过卢沟桥东流至屈家店与北运河汇合。永定河上游流经黄土高原，夏季多暴雨，河流含沙量大，在下游河床淤积高出地面，经常改道，原称无定河。公元1698年（清康熙三十七年），为保护北京，对其

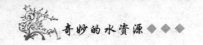

进行了一次改道,迫使河水东南流入三角淀,至西沽入大清河,并改名为永定河。当然改名也解决不了河道迁徙问题,直到1970年开挖了永定新河,由屈家店引导河水至北塘,然后入渤海,才使河道变得较为稳定。解放后为了防洪和解决首都供水问题,在官厅水库以上先后兴修了大、中、小型水库517座,总库容达33亿立方米,其中官厅水库是北京市的主要水源地之一。

(3)大清河　是由发源于恒山南麓和太行山东麓的水流汇集而成,支流众多,源短流急,分南北两支。南支包括由磁河、沙河等汇集而成的潴龙河及唐河等河流,先汇入白洋淀,然后由其东部的出水道(赵王河)与北支汇合;北支主要是发源于山西省涞源县涞山的拒马河,流经雄县到新镇西南与南支汇合后称大清河。大清河在历史上屡受永定河及滹沱河的干扰和侵袭,两河从上游带来的很多泥沙,都堆积在大清河的中下游,形成了一系列如白洋淀、文安洼、东淀等洼淀,使汛期洪水在下游宣泄不畅,频繁引发水灾。建国后,在上游修建水库拦蓄洪水,在中游整修河道,在

永定河

下游开挖独流减河，排洪入海，减轻了水患。

（4）子牙河　是由发源于山西省繁峙县泰戏山的滹沱河与发源于太行山东麓的滏阳河汇合而成，水量主要来自滹沱河。滹沱河挟有大量泥沙，进入平原后沉积淤塞河道，使河流频繁摆动。滏阳河上游多流经丘陵地区，谷宽河阔，进入平原后，河道坡度变缓流速减慢，泥沙大量沉积抬高河床，使河流变为地上河，加之下游河道窄小，一遇大雨水流宣泄不畅，就要出现水灾。1949 年后，为治理水患，进行了加固河堤，兴修水库等大量水利工程建设，并于 1966～1967 年开挖了子牙新河，增大了泄洪能力，减轻了水患。

（5）漳卫—南运河　系指京杭大运河的山东临清至天津段，上游由漳河及卫河组成。漳河发源于晋东南的山地，有清、浊漳河两源，它们在河北省涉县合漳村汇合后称漳河。卫河源出晋东南的高平县内，南流接纳了纳淇河及安阳河等支流。漳河和卫河在河北馆陶县称钓湾，汇合后至临清叫卫运河。

海河流域内城镇集中，经济发达，人口众多，特大和大、中城市就有

子牙河

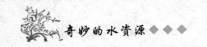

北京、天津、石家庄、保定、邢台、邯郸、沧州、张家口等，人口超过7000万，是一个生活和工农业用水颇感紧张的地区。

淮 河

淮河是发源于河南省桐柏县桐柏山的主峰大白岭，自西向东流，经河南和安徽省在江苏省汇入洪泽湖。淮河的大部分水量经三河闸，穿过高邮湖至江都县三合营入长江，小部分水量经苏北灌溉总渠流入黄海。淮河全长1000千米，流域面积26.9万平方千米，流域内有1300万人口，近1.4万平方米耕地。北岸支流众多且较长，主要有洪河、颍河、涡河、浍河、沱河等，河床平缓，水流缓慢；南岸的支流少并且短，多发源于大别山区，主要有史河等，河床比降大，水量丰富。淮河是中国自然地理分区的一条重要界限，南、北气候在此分野。干流以南属亚热带湿润气候，类似长江流域；干流以北基本上属黄淮冲积平原，类似华北地

淮河入海道二河枢纽

区，属暖温带湿润气候。淮河由源头至洪河口为上游，流经山丘区，河道比降大，平均为0.5/1000；洪河口至中渡为中游，河道曲折，比降极小，只有0.03/1000，水流缓慢，除穿越几个峡口外，干流的两岸地势平坦，多洼地湖泊；中游以下为下游，地势低平，河道宽浅，密集的水网纵横交错，干支流上人工闸坝众多，湖泊星罗棋布。

京杭大运河以东的里下河滨海地区，还有射阳河等一些直接入海的小河。淮河下游地区的北部有发源于沂蒙山区的沂河、沭河及沙河，历史上曾直接入淮与淮河相通，经治理两河下游分别通过新沭河及新沂河人工河道，由南折东注入黄海，但仍属淮河水系。淮河流域原是我国历史上经济、

文化开发较早的地区之一，但因其北侧紧邻含沙量大、洪水汹猛的黄河，多次破堤决口和改道，并南徙淮河河道入海，大大改变了淮河流域的自然面貌。黄河挟带的大量泥沙淤高了淮河河床，使其下游河槽几乎全部变成地上河，下游的入海通道被淤塞，水位抬高，水系紊乱，洼地积水成湖，水流宣泄不畅，经常决口成灾。据统计，近 500 年来，淮河共发生大水灾350 次，旱灾 280 次，几乎年年不是水灾就是旱灾，给人民生命和财产造成了巨大危害。1949 年后经过大规模治理，在淮河上游地区建成了大、中、小型水库近 5200 座，总库容达 250 亿立方米，修筑加固堤坝 1.5 万千米，新开了入海通道，治理改良盐碱地，使粮棉产量大幅度增加，电力和渔业亦得到全面发展。

内流河

在大陆腹地，由于远离海洋，或因地形特殊，河流不是流达海洋，而是汇集于洼地、深谷形成湖泊：或因地处干旱少雨，蒸发量远大于降水量的荒漠之中，所形成的河流逶迤于荒漠而逐渐渗于地下。这些最终不能归入海洋的河流就是内流河，也叫内陆河。我国内流河主要分布在西北地区的新疆、青海和内蒙古。这些地区的降水量远少于蒸发量，是比较干旱的地区。内流区面积约占全国面积的 1/3。据不完全统计，我国内流河有独立出山口和长流水的约 600 余条，此外还有数以千计的小河。小内流河一般都比较短，多是有头无尾，有的是雨季有水、旱季干枯的季节性河流，称时令河。如青海省，既是我国著名江河——黄河、长江及澜沧江的发源地，也是我国内流河比较多的地区，内流区占全省面积的一半以上。著名聚宝盆——柴达木盆地，流域面积在 300 平方千米以上的内流河就有 80 多条。我国最大的咸水湖——青海湖，就汇集了 50 多条内流河。新疆的内流河更多，并有我国最大的内流河——塔里木河。塔里木河是我国最长的内流河，是世界第五大内流河。在新疆维吾尔自治区塔里木盆地北部，有三源，南为和田河，发源于喀喇昆仑山，长 806 千米；中游横穿 400 千米的塔克拉玛干沙漠，因沿途蒸发渗漏，河道断流，只在洪水期才有水流入塔里木河。

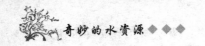

西南源叶尔羌河是塔里木河最长支流，源出喀喇昆仑山和帕米尔高原，长1079千米。北源阿克苏河源于天山山脉西段，水量丰富，是塔里木河主要水源，长224千米，南流到阿瓦提县肖夹克附近和叶尔羌河及和田河汇合后称塔里木河。塔里木河若以叶尔羌河源起算，全长为2179千米，其长度仅次于长江、黄河、黑龙江，居全国第四位，流域面积19.80万平方千米，比珠江水系中的西江还长。干流沿着盆地北部边缘由西向东蜿蜒于北纬41°，到东经87°以东折向东南，穿过塔克拉玛干大沙漠东部，最后注入台特马湖。

塔里木河

塔里木河河水主要靠上游山地降水及高山冰雪融水补给。从阿克苏河口到尉犁县南面的群克尔一带河滩广阔，河曲发育，河道分支多。洪水期无固定河槽，水流泛滥，分散，河流容易改道。在河谷洼地易形成湖泊、沼泽。群克尔以下河道又合成一支。历史上塔里木河河道南北摆动，迁徙无定。最后一次在1921年，主流东流入孔雀河注入罗布泊。1952年在尉犁县附近筑坝，同孔雀河分离，河水复经铁干里克故道流向台特马湖。塔里木河中、上游有大规模水利设施，1971年建有塔里木拦河闸。沿岸新建许多农场。

塔里木河河水流量因季节差异而变化很大。每当进入酷热的夏季，积雪、冰川溶化，河水流量急剧增长，就像一匹"无疆的野马"奔腾咆哮着穿行在万里荒漠和草原上。在塔河上架有一座80孔，混凝土结构，全长1600余米的大桥。在塔河流域兴建了许多水利设施。各族人民的辛勤耕耘，昔日荒漠变成桑田，塔河两岸瓜果满园，稻花飘香。

塔里木河干流又分为上、中、下3段：羊吉巴扎以上为上段，此段河床不分岔，腐蚀强烈，曲流发育，河床不稳定；羊吉巴扎到群克为中段，这里汊道、湖沼众多，洪水期水流漫溢分散，主流常改道；群克以下为下段，河道复旧统一，河水经上、中段渗漏、蒸发及引灌溉后，所剩不多，又因群克至铁干里克之间兴建了大西海水库，故只有少量河水可以流到英苏，洪水时期才有水泄入台特马湖。

塔里木河流域因地处欧亚大陆腹地，远离海洋，四周高山环绕，属大陆性暖温带、极端干旱沙漠性气候。其特点是：降水稀少、蒸发强烈，温差大，多风沙、浮尘天气，日照时间长，光热资源丰富。气温年平均日较差 14～16℃，年最大日较差一般在 30℃以上。年平均气温在 10.6～11.5℃之间。夏酷冬寒，夏季 7 月份平均气温为 20～30℃，极端最高气温 43.6℃。冬季 1 月平均气

塔里木河

温为 −10～−20℃，极端最低气温 −30.9℃，大于等于 10℃积温多在 4000～4500℃之间，持续 180～200 天，日照时数在 3000 时左右，平均年太阳总辐射量为 1740 千瓦时/平方米，无霜期 187～233 天。多年平均降水量为 17.4～42.8 毫米，蒸发量 1125～1600 毫米（以折算 E−601 型蒸发皿计算）。干旱指数自北向南、自西向东增大，在 17～50 之间。干流地区多风沙、浮尘天气，以下游地区最为严重，起沙风（大于等于 5 米/秒）年均出现次数 202 天，最大风速 40 米/秒，主导风向为北东到东北东。

伏尔加河

伏尔加河是欧洲最大的河流，同时也是世界上最大的内流河。俄罗斯内河航运干道。它发源于东欧平原西部的瓦尔伏尔加河丘陵中的湖沼间，流经森林带、森林草原带和草原带，注入里海。在这个流域居住的

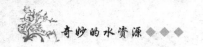
6450 万人，约占俄罗斯人口的 43%。它通过伏尔加河—波罗的海运河连接波罗的海，通往北德纳维河水系和白海—波罗的海接通白海，通过伏尔加河—顿河运河与亚速海和黑海沟通，所以有"五海之河"的美称。

伏尔加河向东北流至雷宾斯克转向东南，至古比雪夫折向南，流至伏尔加格勒后，向东南注入里海。河流全长 3688 千米，流域面积 138 万平方千米，河口多年平均流量约为 8000 立方米/秒，年径流量为 2540 亿立方米。伏尔加河干流总落差 256 米，平均坡降 0.007。河流流速缓慢，河道弯曲，多沙洲和浅滩，两岸多牛轭湖和废河道。在伏尔加格勒以下，由于流经半荒漠和荒漠，水分被蒸发，没有支流汇入，流量降低。伏尔加河河源处海拔仅有 228 米，而河口处低于海平面 28 米。从距河源不远的尔热夫算起，往下 3000 多千米的河段内，总落差仅有 190 米，因此河水流速缓慢，沙洲、浅滩、牛轭湖、废河道广为分布，是一条典型的平原河流。三角洲面积 1.9 万平方千米。

伏尔加河支流众多，河网密布。有 200 余条主要支流，最大的支流有奥

伏尔加河

卡河和卡马河。伏尔加河干支流河道总长约 8 万千米。它源自莫斯科西北瓦尔代丘陵，源头海拔 228 米，河口在海平面以下 28 米。它总共约有 200 条支流，大多自左岸与其汇合。

伏尔加河出源头后经过一连串彼此沟通的低洼湖泊，下行穿过维什涅伏洛茨基冰碛山岭，形成石滩和急流。在斯塔利茨城以下，伏尔加河进入广阔而微有起伏的低地。在特维尔察河与谢克斯纳河之间，伏尔加河接受了许多支流，其中大的支流右岸有：绍沙河、杜布纳河、涅尔河；左岸有：梅德韦季察河、莫洛力河及谢克斯纳河。从谢尔巴科夫城至雅罗斯拉夫尔城，伏尔加河奔流在两岸高峻且布满针叶林和阔叶林的峡谷中，之后河流进入广阔的低地。在科斯特罗马城以下，两岸又变得高峻，再下行又为低地。从谢克斯纳河河口到奥卡河河口，伏尔加河接受许多支流，其中最大的是科斯特罗马河及温扎河。从源头至奥卡河河口为伏尔加河上游，此段河长 1327 千米。

从奥卡河口至卡马河口为伏尔加河中游，长 511 千米。中游河段接纳近

伏尔加河沿岸

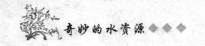

40 条支流，以右岸的苏拉河和斯维亚加河，左岸的维特卢加河为最大。较大的河流尚有克尔仁涅茨河、鲁特卡河、大科克沙河、小科克沙河、伊列季河、卡赞河、库德马河、松多维克河及齐维利河等。

卡马河口以下为伏尔加河下游，河段长 1850 千米。伏尔加河接受卡马河以后，就变成一条浩浩荡荡的大河，卡马河口附近河谷宽达 21 千米，至捷秋希城与乌里扬诺夫斯克城之间宽达 29 千米。伏尔加河在察列夫库尔干附近绕过索科尔山形成长约 200 千米的萨马拉河湾，古比雪夫水电站即兴建在这里。伏尔加河在斯大林格勒（现伏尔加格勒）附近进入里海低地。在此分出一条左岸支汊——阿赫图巴河。此后，再无支流汇入。伏尔加河下游河段汇入的较大支流只有契列姆尚河、萨马拉河、大伊尔吉兹河及小伊尔吉兹河、耶鲁斯兰河等。伏尔加河与阿赫图巴汊河之间的陆地叫阿赫图巴河漫滩。河漫滩总面积 7500 平方千米；平水期面积为 900 平方千米。伏尔加河在里海出口处形成广阔的三角洲，有 80 余条汊河，其中可以通航的只有巴赫捷米罗夫斯基河、老伏尔加河、布赞河及阿赫图巴河。

国际河

世界上的著名大河往往流经几个国家，而不是一国所独有。其中有名的有尼罗河、亚马孙河、密西西比河、刚果河等。

尼罗河

尼罗河位于非洲东部，由南向北流，全长 6650 千米，为世界第一长河。尼罗河是一个多源河，最远的源头称阿盖拉河，注入维多利亚湖，再从其北岸的金贾流出，北流进入东非大裂谷，形成卡巴雷加瀑布，然后经艾伯特湖北端，在尼穆莱附近进入苏丹，经马拉卡勒后称白尼罗河。由于白尼罗河流经大片沼泽，所含杂质大部沉淀，水色纯净，但因水中挟带有大量水生植物而呈乳白色而得名。白尼罗河北流至喀土穆汇青尼罗河，在喀土穆以北 320 千米接纳阿特拉巴河，流至埃及首都开罗进入尼罗河三角洲，并分为罗基塔河与塔米埃塔河两个支汊，分别注入地中海。尼罗河流域面积3349万平方千米，人口超过5000万，流经布隆迪、坦桑尼亚、卢旺达、扎伊尔、肯尼亚、马子达、苏丹、埃塞俄比亚、埃及等9个国家。白尼罗河由河源到苏丹的朱巴一段，具有山地河流的特征，河流在东非高原上蜿蜒曲折，多跌水和瀑布，河水经维多利亚湖等湖泊的调节，出口处的年平均流量为590立方米/秒，至

卡巴雷加瀑布

朱巴增至870立方米/秒。朱巴到喀土穆以下80千米处的沙普鲁加峡，流经了宽达400千米的沼泽平原。这段地区比降极小，水流缓慢，由于大部分地区干热少雨，蒸发强烈，使河水损失大半。青尼罗河发源于埃塞俄比亚高原上的海拔为1830米的塔纳湖，由于高原湿润多雨，河流水量较大，与白尼罗河汇合处的流量达1640立方米/秒，差不多是白尼罗河流量的两倍，再加上阿特巴拉河的来水流量392立方米/秒，合计流量达到2900立方米/秒。经过沿途引水灌溉和各种损耗，尼罗河到达河口处的流量只剩下2200立方米/秒，成为世界上水量最小的大河。尼罗河下游地区自古以来就是著名的灌溉农业区，孕育了古埃及文明。尼罗河水的涨落非常有规律，6～7月份是洪水期，河口处的最大流量可达6000立方米/秒，易泛滥成灾。但是洪水带来的肥沃泥土有利于农业，在尼罗河流域的尼罗特人、贝扎人、加拉人、索马里人，都与尼罗河息息相关。在尼罗河两岸至今还留有大量古代文明的遗迹，如金字塔，巨大的帝王陵墓、神庙等。

亚马孙河

亚马孙河全长6500千米，流域面积705万平方千米，河口处的年

尼罗河

平均流量达 12 万立方米/秒，是南美洲第一大河，长度仅次于非洲尼罗河，为世界第二长河，但它是世界上水量最大和流域面积最广的河流。亚马孙河上源乌卡亚利河与马拉尼翁河发源于秘鲁的安第斯山脉，干流横贯巴西西部，在马拉若岛附近注入大西洋。亚马孙河流域广大，纬度跨距有 25°之多，包括巴西的大部分，委内瑞拉、哥伦比亚、厄瓜多尔、秘鲁和玻利维亚的一部分。在秘鲁，人们把从伊基托斯到入海口处的河流称作亚马孙河；而在巴西，人们将伊基托斯至内格罗河口一段称为索利蒙伊斯河，内格罗河口以下叫亚马孙河。亚马孙河支流众多，有来自圭亚那高原、巴西高原和安第斯山脉的大小支流近千条。主要有雅普拉河、茹鲁阿河、马代拉河、欣古河等 7 条，它们的长度都在 1600 千米以上，其中马代拉河最长，达 3219 千米。亚马孙河地处世界上最大最著名的热带雨林地区，降水非常充沛，由西部的平原到河口的辽阔地域内，年平均降水量都在 2000 毫米以上，河水量终年丰沛，洪水期河口的流量可达 20 万立方米/秒。亚马孙河每年注入大西洋的水量，约占全世界河流入海总水量的 20%。亚马孙河水大、河宽、水深，巴西境内的河深大都在 45 米以上。马瑙斯附近深达百米，下游的河宽在 20~80 千米，喇叭形的河口宽达 240 千米。如此宽深的水面，使亚马孙河成为世界最著名的黄金水道，具有极大的航运价值。7000 吨的海轮，可上溯1600 千米直达马瑙斯；吃水 6～7 米的船舶，可由河口直达秘鲁的伊基托斯，航行里程 3700 千米；全河全年可通航的里程有 5000 多千米。亚马孙河流域的大部分地区，覆盖着热带雨林，动植物种类繁多，是生物多样性最为丰富的地区。热带雨林中的硬木、棕榈、天然橡胶林等，都具有极大的经济价值，但开发利用应当科学和有度。河深水阔的亚马孙河，支流密布，加上大片的沼泽和众多的牛轭湖，组成了一片广袤的淡水海域，栖息和繁衍着大量鱼群和为数众多的珍稀生物，有世界上最大的食用淡水鱼——皮拉鲁库鱼、淡水豚、海牛、鳄鱼、巨型水蛇等水生生物和大量珍禽异兽。

密西西比河

密西西比河位于北美洲，全长 6020 千米，流域面积 322.1 万平方千米，为北美第一大河和世界第四长河，在长度上仅次于尼罗河、亚马孙河和中国的长江。密西西比河干流发源于美国明尼苏达州艾塔斯卡湖，由北向南流经加拿大的两个省和美国的 31 个州，最后注入墨西哥湾。主要支流有西岸的密苏里河、阿肯色河、雷德河等，东岸的俄亥俄河、田纳西河等。

密西西比河水量丰富，具有航运灌溉之利，素有"河流之父"和"老人河"之称，其河口的年平均流量为 18100 立方米/秒。密西西比河的中、下游河道迂回曲折，流淌在大平原上，曲流发育，河漫滩广阔，沼泽和牛轭湖遍布。密西西比河含沙量较大，每年输入墨西哥湾的泥沙达 4.95 亿吨，在河口处形成了巨大的鸟足形三角洲，面积有 7.77 万平方千米，其中 2.6万平方千米露出水面，每年可向海中推进近 100 米。密西西比河及其支流构成了美国最庞大的内河航运网，北经俄亥俄河与伊利诺伊水道与五大湖沟通。水深在 2.75 米以上的航道有上万千米，可航水路达 2.5 万千米。重要河港有明尼阿波利斯、圣保罗、圣路易斯、海伦娜、格森维尔、维克斯堡

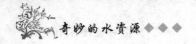

密西西比河

和新奥尔良等。

刚果河

刚果河又名扎伊尔河，位于非洲大陆赤道附近，流经扎伊尔，赞比亚、刚果、安格拉、中非共和国等5个国家，在扎伊尔的巴纳纳城附近注入大西洋，全长4370千米，流域面积369.1万平方千米。按长度计虽名列世界第八，但其水量仅次于南美洲的亚马孙河，为世界第二大河。刚果河发源于扎伊尔南部加丹加高原。其流域的70%在扎伊尔境内，因流域的大部分地区属长年高温多雨的赤道气候，年降水量都在1500毫米以上，加之赤道南北的雨季相互交错，北部雨季在4~9月，南部则为10月到次年的3月，全年充沛的降水补给不间断，使河流的水量丰富而稳定。河口入海的年平均流量为3.9万立方米/秒，绝对最大流量高达17.5万立方米/秒，最小的流量也有2.3万立方米/秒，每年注入大西洋的水量为1230立方千米。

刚果河上游有两支，西支叫卢阿拉巴河，发源于加丹加的沙巴高原；东支称卢瓦普拉河，发源于班韦乌卢湖，在接纳了赞比亚境内的钱贝西河后，经姆韦姆湖汇入西支卢阿拉巴河。刚果河在扎伊尔基桑加尼以上为上游，河长 2300 千米，多湖泊、险滩，河道先窄后宽，并先后接纳了乌班吉河、桑加河、夸河等支流。这段河流有著名的基桑加尼瀑布，是 7 个瀑布连在一起的瀑布群，在赤道南北绵延长达 100 千米，是世界上最长的瀑布群。基桑加尼至金沙萨为中游，长 1.740 千米，流经盆地和低平地带，沿途汇集了洛马米河、楚瓦帕河、开赛河、阿鲁维米河、乌班吉河等支流，水量充沛，河面宽 4～10 千米，水深 10 米左右，比降为 1/1000，是全河的主要航道。下游河道切穿刚果盆地西缘山地，形成长达 380 千米的峡谷段，海拔迅速降低，出现两处急流险滩和著名的利文斯顿瀑布群。巴塔迪到河口长 150千米，河道流行在沿河低地上，河面宽 6～8 千米，水深 40～70 米，可通航远洋巨轮。刚果河由于水量大，流速快，使泥沙不能在河口沉积为三角洲，而是形成长达 282 千米的溺谷，其轴线深 1830 米，谷壁高 1092 米，宽 14.5米。由于河流的淡水大量注入海洋，使河口以外 75 千米处的海水仍为淡水，完全可不经处理供远洋轮船取用。刚果河可通航的支流有 39 条之多，可通

卢阿拉巴河

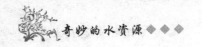

航 800～1000 吨驳船的里程达 1000 千米。刚果河水力资源极其丰富，蕴藏量近 4 亿千瓦。沿岸分布有扎伊尔首都金沙萨、刚果首都布拉柴维尔和卡巴洛、基桑加尼、班姆达、马塔迪等城市及海港巴纳纳。流域内的野生动物种类繁多，建有数处国家级野生动物保护区，其中乌彭国家公园的面积达 11.730 平方千米，动物有斑马、羚羊、象、水牛、狮子等；萨隆加公园的森林茂密，栖息着鹦鹉、象、羚羊、猿猴等动物。

在我国 960 万平方千米的国土上，除有众多的外流河（注入海洋）和内陆河（不注入海洋）外，还有不独在我国境内的国际河流大小 80 余条。由于我国地形西高东低，高程悬殊，主要江河都是东流入海。我国西部有高山峻岭与邻国为界，西南部又有世界屋脊之称的

蜿蜒曲折的刚果河

青藏高原与邻国接壤，所以国际河多是由我国流到邻国，而由邻国流到我国的河流甚少。我国西南地区大小国际河流就有 40 多条，大多发源于青藏高原。有名的雅鲁藏布江是西藏最大的河流，也是世界上海拔最高的大河，其流经的雅鲁藏布大峡谷是世界上第一大峡谷。雅鲁藏布江向南流出国境，进入印度，是印度最大河流恒河的最大支流。

雅鲁藏布江

雅鲁藏布江藏语意为"高山上流下来的雪水"，是我国西南部最大的河流之一，其流域的平均海拔高程为 4500 米，是中国也是世界上海拔最高的河流。雅鲁藏布江发源于西藏西南部喜马拉雅山北部的杰马央宗冰川，由西向东流横贯西藏南部，在喜马拉雅山脉的最东端绕过南迦巴瓦峰转而南流，经巴昔卡流出我国国境进入印度，称布拉马普特拉河，在孟加拉国的

戈阿隆多市附近与恒河汇合，最后注入孟加拉湾。雅鲁藏布江—布拉马普特拉河全长 2900 千米，其中我国境内 2057 千米；流域面积 93.8 万平方千米。其中我国境内 24 万平方千米；多年平均入海流量 2 万立方米/秒，我国的出境流量为 4400 立方米/秒。雅鲁藏布江—布拉马普特拉河的长度，在全国名列第五；按水量计，流出国境的水量仅次于长江和珠江的入海径流量，居全国第三位。雅鲁藏布江天然水力资源极其丰富，蕴藏量近 1 亿千瓦，仅次于长江流域，名列全国第二。雅鲁藏布江的里孜以上为上游，坡陡落差大，平均坡降达2.6/1000，河谷宽达 1～10 千米，为典型的高原宽谷型河谷形态。里孜至米林县的派区为中游，平均坡降 1.2%，沿途汇入众多支流，流量大，河谷呈宽窄相同的串珠状，最宽处达 2～8 千米。这里气候温和，适于农耕，是西藏农业最发达的地区。派区以下为下游，平均坡降5.5/1000。雅鲁藏布江由米林县里龙附近折向西北，至帕隆藏布江汇入后急转向南，进入著名大拐弯的高山峡谷段，经巴昔卡进入印度。在大拐弯顶部两侧有海拔 7151 米和 7756 米的加拉白垒峰和南迦巴瓦峰，从南迦巴瓦峰的峰顶到墨脱的江面，相对垂直高差达 7100 米。据最近我国地理学家实地

雅鲁藏布江

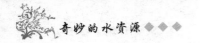

考察和考证，此处是世界上切割最深和最大的峡谷。

澜沧江

澜沧江是我国西南地区的大河之一，发源于青藏高原唐古拉山北麓查加日玛的西侧，主流扎曲在昌都与昂曲汇合后始称澜沧江。澜沧江东南流经云南西部在西双版纳的南部流出我国国境，改称湄公河。湄公河南流经缅甸、老挝、泰国、柬埔寨，在越南南部注入南海，是中印半岛上最大的河流。澜沧江—湄公河全长 4180 千米，其中在我国境内的长度为 2153 千米；流域面积 65.5 万平方千米，我国境内部分为 16.5 万平方千米；多年年平均入海径流总量在 500 立方千米以上，我国年平均出境水量为 0.74 立方千米。澜沧江—湄公河在昌都以上为上游，流域属青藏高原，海拔为 5500～6000 米，分布有大面积的冰川和积雪，河面除部分河段较宽外均较狭窄，比降达 1/1000～15/1000。昌都至旧州为中游，河道穿行于横断山脉的高山峡谷之间，地势险峻，水流湍急。旧州以下为下游，山势降低，沿河多河谷平坝，但急流险滩多，无航运之利。澜沧江—湄公河的水量主要来自下游热带地区，水量充沛，全年变化不大，夏季径流量约占 1/2。

澜沧江

怒　江

　　怒江又称潞江，是我国西南地区的大河之一。发源于青藏高原唐古拉山南坡海拔 6000 米的巴萨通木拉山南麓，自西北向东南流，纵贯西藏东部，进入云南折向南流，经怒江、保山和德宏地区（自治州），进入缅甸境内称萨尔温江，最后注入印度洋的孟加拉湾。怒江—萨尔温江全长 2820 千米，我国境内为 1540 千米；流域面积 32.4 万平方千米，我国境内 14.3 万平方千米；多年平均入海流量为 500 立方米/秒。怒江上游在加玉桥以上，深入青藏高原腹地，川行于唐古拉山—怒山和念青唐古拉山—高黎贡山之间，自河源顺地势南流，河谷宽阔，汉流发育。加玉桥至泸水为中游，两岸高山夹峙，河谷狭窄，坡陡流急，河道平均比降为 3/1000，最大可达 15/1000～20/1000，水大流急，汹涌澎湃。泸水以下为下游，多数地段河谷狭窄，滩多流急，但泸水至惠通桥一段的河谷较宽阔，其中的怒江坝（潞江坝）宽 10 千米，长 50 千米，是流域唯一的一块人口稠密、农业发达的地区。怒

怒　江

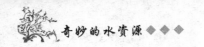

江水量充沛，落差大，水力资源极其丰富，基本上还处在未开发阶段。

新疆维吾尔自治区面积有 160 多万平方千米，占我国国土的 1/6，其国际河流有 30 多条，主要有伊犁河、额尔齐斯河和阿克苏河。额尔齐斯河出境后最终在俄罗斯汇入鄂毕河，注入北冰洋，所以额尔齐斯河是我国唯一进入北冰洋水系的河流。

我国东北的国际河流，多为界河（即两国以河为界）。如著名的鸭绿江是中朝（中国与朝鲜）两国的界河；著名的大河黑龙江的干流是中俄（中国与俄罗斯）的界河；乌苏里江和图们江也分别是中俄和中朝的界河。

运 河

上面所说的不管是外流河还是内流河都是在漫长的岁月里自然形成的，是大自然的"手笔"。人类一直在按照自己的意愿改造大自然，尤其是开凿河道，用以沟通不同的水系或海洋而形成运河方面更是大显身手。欧洲不少河流之间都开凿了运河，互相连通。例如，前面已经述及的俄罗斯的伏尔加河，靠运河实现了"五海通航"；德国向来重视内河航运，开凿了 1000 多千米的运河，与被称为"黄金水道"的天然河道莱茵河、多瑙河、易北河等相通，使内河航线四通八达，内河货运量每年在 2 亿吨以上，占全国货运量的 1/4。非洲埃及的苏伊士运河和北美洲巴拿马的巴拿马运河，都是世界上最著名的运河，也是世界上最重要的海运枢纽。这两条运河分别沟通了印度洋和大西洋、太平洋和大西洋之间的水道，均可通航数万吨轮船，大大缩短了太平洋、大西洋、印度洋之间的航程，是国际航运中具有重要战略意义和经济意义的水道。

苏伊士运河

苏伊士运河也叫苏彝士运河，是一条海平面的水道，在埃及贯通苏伊士地峡，连接地中海与红海，提供从欧洲至印度洋和西太平洋附近土地的最近的航线。它是世界使用最频繁的航线之一。是亚洲与非洲的交界线，

是亚洲与非洲人民来往的主要通道。运河北起塞得港南至苏伊士城，长 168
千米，河面平均宽度为 135 米，平均深度为 13 米。在塞得港北面掘道入地
中海至苏伊士的南面。运河并非以最短的路线穿过只有 120 千米长的地峡，
而是自北至南利用几个湖泊：曼札拉湖、提姆萨赫湖和苦湖——大苦湖、
小苦湖。

苏伊士运河是条明渠，无闸。虽然全长是直的，但也有 8 个主要弯道。
运河西面是尼罗河低洼三角洲，东面较高，是高低不平且干旱的西奈半岛。
在建造运河（1869 年竣工）之前，唯一重要居民区是苏伊士城。可能除了
坎塔拉外，沿岸的其他城镇都在运河建成后逐渐发展起来。

苏伊士运河处于埃及西奈半岛西侧，横跨苏伊士地峡，处于地中海侧
的塞德港和红海苏伊士湾侧的苏伊士两座城市之间，全长约 163 千米。

这条运河允许欧洲与亚洲之间的南北双向水运，而不必绕过非洲南端
的风暴角（好望角），大大节省了航程。从英国的伦敦港或法国的马赛港到
印度的孟买港作一次航行，经苏伊士运河而不绕好望角可分别缩短航程的

繁忙的苏伊士运河

43% 和 56%。在苏伊士运河开通之前，有时人们通过从船上卸下货物通过陆运的方法在地中海和红海之间实现运输。

巴拿马运河

巴拿马运河是巴拿马共和国拥有和管理的水闸型运河，经过狭窄的巴拿马地峡，连接大西洋和太平洋。其长度，从一侧的海岸线到另一侧海岸线约为 65 千米。水深 13～15 米不等，河宽 150～304 米。整个运河的水位高出两大洋 26 米，设有 6 座船闸。船舶通过运河一般需要 9 个小时，可以通航 76000 吨级的轮船。

巴拿马运河是世界上最具有战略意义的人工水道之一。行驶于美国东西海岸之间的船只，原先不得不绕道南美洲的合恩角，使用巴拿马运河后可缩短航程约 15000 千米。由北美洲的一侧海岸至另一侧的南美洲港口也可节省航程多达 6500 千米。航行于欧洲与东亚或

巴拿马运河

澳大利亚之间的船只经由该运河也可减少航程 3700 千米。

京杭运河

我国的京杭运河始凿于春秋末期，距今已有 2000 多年，后由隋、元等朝扩建而成。京杭运河北起北京市的通州、南抵浙江省的杭州，沟通了海河、黄河、淮河、长江和钱塘江五大水系，全长约 1801 千米。它是世界上开凿最早、流程最长的运河。运河的开凿旨在获水上航运之利，京航运河航道是我国最重要的南北向内河航线，运输量仅次于长江，居我国内河航运的第二位。今天，京杭运河还能在远程调水（如南水北调）中发挥巨大

京杭运河苏北段

的作用，以缓解我国降水在时空分布上的不均衡。

瀑 布

　　瀑布是从高崖绝壁飞泻而下的水流，我国较有名的瀑布有二三百处。大多分布在秦岭、淮河以南雨量相对比较丰富的高山峻岭之中。我国最有名的三大瀑布：黄果树瀑布、黄河壶口瀑布、黑龙江吊水楼瀑布，有两处在中国北方。黄果树瀑布是我国最大的瀑布，也是世界著名大瀑布之一。位于贵州省安顺市镇宁布依族苗族自治县境内的白水河上。周围岩溶广布，河宽水急，山峦叠嶂，气势雄伟，历来是连接云南、贵州两省的主要通道。现有滇黔公路通过。白水河流经当地时河床断落成九级瀑布，黄果树为其中最大一级。瀑布宽30米（夏季可达40米），落差66米，流量达2000多立方米/秒。以水势浩大著称。瀑布对面建有观瀑亭，游人可在亭中观赏汹涌澎湃的河水奔腾直泻犀牛潭。腾起水珠高90多米，在附近形成水帘，盛夏到此，暑气全消。瀑布后绝壁上凹成一洞，称"水帘洞"，洞深20多米，洞口常年为瀑布所遮，可在洞内窗口窥见天然水帘之胜境。

壮观的黄果树瀑布

我国的母亲河黄河，在山西省吉县和陕西省宜川县交界处的主流峡谷中的壶口瀑布，是千里黄河第一大瀑布。汹涌澎湃的黄河水，沿峡谷从北浩浩荡荡奔腾而来，河床由 250 多米倏忽紧缩成不到 50 米的狭口，滔滔黄河巨流被挤压在狭口中，从十几米的陡崖上直泻而下，黄波沸滚，声如雷霆，数里可闻。恰似一硕大茶壶倾天上之水，这大自然的奇景，蔚为壮观。

黑龙江省吊水楼瀑布，位于宁安县西南群山之中。镜泊湖收牡丹江上游之水，成一近百平方千米的高山堰塞湖。湖口巨流溢泻，落差达 20 多米，下面为深达 60 多米的黑龙深潭。瀑流气势磅礴，深潭惊涛怒吼，甚为壮观。

世界上有许多闻名遐迩的著名瀑布，它们都是大自然赐予人类的瑰宝。以它们的壮丽、奇美引人入胜，成为重要的旅游资源。利用瀑布落差所获得的水能还可以发电，所以瀑布也是一种天然能源。另外，瀑布周围由于水花飞溅，雨雾弥漫，产生更多的有益于人体健康的负离子，使人们既观其景，又能呼吸清新的空气，备感心旷神怡。

在美国和加拿大界河尼亚加拉河中段，有著名的尼亚加拉瀑布。该瀑布呈三面，中间凹陷，形似马蹄。靠近河心的窄面，宽约 80 米，瀑流飞

吊水楼瀑布

泻，水霭飘渺，如新娘面纱；两侧面宽分别为 300 米和 800 米，巨流从 50
多米的陡岩直倾而下，犹如万马奔腾，十分雄伟壮观。每临寒冬，水珠飞
溅，扑附在附近岩石和树木之上，凝结成冰晶玉柱，银装素裹，堪为天下
奇景。

南美洲委内瑞拉的安赫尔瀑布落差 979 米，是世界上落差最大的瀑布。
世界上最宽的瀑布在巴西——阿根廷的伊瓜苏河上。此瀑布被河心岩岛分
隔成 3 组大瀑布群，每组又由多达上百股小瀑布组成。百股飞流竞倾，扑朔
迷离，其景致妙不可言。

非洲维多利亚瀑布位于非洲赞比西河中游，赞比亚与辛巴威接壤处。
宽 1700 多米，最高处 108 米，为世界著名瀑布奇观之一。宽度和高度比尼
亚加拉瀑布大 1 倍。年平均流量约 935 立方米／秒。广阔的赞比西河在流抵
瀑布之前，舒缓地流动在宽浅的玄武岩河床上，然后突然从约 50 米的陡崖
上跌入深邃的峡谷。主瀑布被河间岩岛分割成数股，浪花溅起达 300 米，远

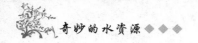

尼亚加拉瀑布

自 65 千米之外便可见到。每逢新月升起，水雾中映出光彩夺目的月虹，景色十分迷人。

维多利亚瀑布的形成，是由于一条深邃的岩石断裂谷正好横切赞比西河。断裂谷由 1.5 亿年以前的地壳运动所引起。维多利亚瀑布最宽处达 1690 米。河流跌落处的悬崖对面又是一道悬崖，两者相隔仅 75 米。两道悬崖之间是狭窄的峡谷，水在这里形成一个名为"沸腾锅"的巨大漩涡，然后顺着 72 千米长的峡谷流去。当赞比西河河水充盈时，7500 立方米/秒的水汹涌越过维多利亚瀑布。水量如此之大，且下冲力如此之强，以至引起水花飞溅。维多利亚瀑布的当地名字是莫西奥图尼亚，可译为"轰轰作响的烟雾"。彩虹经常在飞溅的水花中闪烁，它能上升到 305 米的高度。离瀑布 40～65 千米处，人们可看到升入 300 米高空如云般的水雾。

维多利亚瀑布

湖　泊

　　烟波浩渺的湖泊水和奔腾不息的江河水一样，都是与人类生活和生产关系最密切的水体，是世界城市的主要取水源地。

　　世界湖泊分布极广，为数众多，著名的大湖有欧亚大陆之间的里海，亚洲的贝加尔湖、咸海，欧洲的拉多加湖，非洲的维多利亚湖、坦噶尼喀湖和马拉维湖，北美洲的苏必利尔湖、休伦湖、密执安湖、大熊湖、大奴湖、伊利湖、温尼伯湖、安大略湖，南美洲的马拉开波湖。

里　海

　　里海是世界第一大湖，位于欧亚大陆之间，东、南、西三面的大部分分别被卡拉库姆沙漠、厄尔布鲁斯山脉和大高加索山脉所环绕。其南面是伊朗，北面、西面和东面为俄罗斯、哈萨克斯坦、土库曼斯坦、阿塞拜疆等国，也是一个所属国家最多的国际湖泊。海洋学家认为，里海是古地中

135

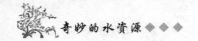

海的一部分，曾和黑海和大西洋相通过，直到中新世晚期，才逐渐变成四周都是陆地的封闭性的水域。它的水是咸的，水中的生物也和海洋中的差不多，因此仍旧可算作海。地理学家认为，里海虽然称"海"，但它四周都是陆地，与海洋不直接相通，从地理角度看应当属于湖泊。里海南北长约1200千米，东西宽约为320千米，湖岸线长约7000千米，平均深度180米，最大水深1025米，面积37.1万平方千米，比北美五大湖的总面积要多出12万平方千米。里海的入湖河流有130条，最大的河流是由北部注入的伏尔加河，其年入海径流量为300立方千米以上，占里海总入海径流量的85%。入海径流量的季节变化和年际变化，直接影响里海的盐度和水位。里海的盐度约比大洋水的标准盐度低2/3，一般为1.2%～1.3%，氯化物含量低，硫酸盐和碳酸盐的含量高。伏尔加河三角洲外围的湖水因入湖河水的淡化，盐度最低只有0.02%。里海水位长周期和超长周期的显著变化，是最引人瞩目的现象。研究表明，19世纪初期的里海水位，要比4000～6000年前低22米；1930～1957年间，由于在伏尔加河上修建了众多水库，流域工农业用水增加和气候变干等的影响，里海水位又有下降，自20世纪70年代初以

里海

来，水位一直保持在海拔 -28.5 米左右。里海北部的 12 月到翌年 4 月，常有结冰现象，冰厚一般为 0.5～0.6 米，最厚可达 1 米，影响北部地区的航运。里海流域动植物种类众多，植物有 500 多种，动物有 850 种。常见的鱼类有鲟鱼、鲱鱼、河鲈、西鲱等，其中鲟鱼是当地著名的特产。里海湖域油气资源丰富，西岸的巴库和南岸的厄尔布尔士山，都是重要的产油区。

五大湖群

北美洲是个多湖泊的洲，淡水湖之多，面积之大，均居各洲之首。在美国北部与加拿大接壤的五大湖泊，总面积约 24.5 万平方千米，是世界上最大的淡水湖群。五大湖之间有运河相通，大型海轮可从大西洋经圣劳伦斯河直达五大湖沿岸。

苏必利尔湖　苏必利尔湖是北美洲五大湖最西北和最大的一个，也是世界最大的淡水湖之一。湖东北面为加拿大，西南面为美国。湖面东西长 616 千米，南北最宽处 257 千米，湖面平均海拔 180 米，水面积 82103 平方千米，最大深度 405 米。蓄水量 1.2 万立方千米。有近 200 条河流注入湖中，以尼皮贡和圣路易斯河为最大。湖中主要岛屿有罗亚尔岛（美国国家公园之一）、阿波斯特尔群岛、米奇皮科滕岛和圣伊尼亚斯岛。沿湖多林地，风景秀丽，人口稀少。苏必利尔湖水质清澈，

苏必利尔湖

湖面多风浪，湖区冬寒夏凉。季节性渔猎和旅游为当地娱乐业主要项目。蕴藏有多种矿物。有很多天然港湾和人工港口。主要港口有加拿大的桑德贝和美国的塔科尼特等。全年通航期为 8 个月。该湖 1622 年为法国探险家发现，湖名取自法语，意为"上湖"。

休伦湖　休伦湖是北美洲五大湖之一，北美五大湖中第二大湖，其位置居中。美国和加拿大共有。它由西北向东南延伸，长 330 千米，最宽处 295 千米，面积 5.96 万平方千米。湖面海拔 177 米，平均水深 60 米，最大深度 229 米。蓄水量 3540 立方千米。湖岸线长 2700 千米，较曲折，东北部有乔治亚湾。湖岸多为沙滩、砾石滩和悬崖绝壁。湖水水质良好，冬季沿岸封冰，全年通航期 7~8 个月。经圣玛丽斯河接纳苏必利尔湖水，经麦基诺水道接纳密歇根湖水，流域面积 13.39 万平方千米（不包括湖面积），南经圣克莱尔河—圣克莱尔湖—底特律河入伊利湖。湖中有鱼，渔业发达。重要港口有麦基诺城、阿尔皮纳、萨尼亚、罗克波特、罗杰斯城等。

休伦湖有苏必略湖（经圣玛利河）、密西根湖和众多河流注入。湖水从南端（经圣克莱尔河、圣克莱尔湖和底特律湖）排入伊利湖。湖面海拔 176 米，最大深度 229 米。东北部多岛屿，形成著名乔治湾。

休伦湖

湖岛众多，主要分布于东北部的乔治亚湾，其中马尼图林岛是世界上最大的湖中岛（长 130 千米，面积 2766 平方千米），岛上湖沼众多，马尼图林湖面积最大，达 106.42 平方千米，是世界上最大的湖中之湖。湖岸有沙滩、砾石滩和悬崖绝壁，风景优美，是休养、娱乐胜地。

湖区铀、金、银、铜、石灰石和盐等矿产资源丰富，是美、加两国重要的工业区。圣克莱尔河东岸多炼油厂和石油化工厂，被称为加拿大的"化工谷"。湖泊水质好，盛产鱼类。湖区伐木业和捕鱼业亦很发达。主要经济项目有伐木业和渔业。沿湖多游览区。

密歇根湖　密歇根湖也叫密执安湖，是北美五大湖中面积居第三位，唯一全部属于美国的湖泊。湖北部与休伦湖相通，南北长 517 千米，最宽处 190 千米，湖盆面积近 12 万平方千米，水域面积 57757 平方千米，湖面海拔 177 米，最深处 281 米，平均水深 84 米，湖水蓄积量 4875 立方千米，湖岸线长 2100 千米。有约 100 条小河注入其中，北端多岛屿，以比弗岛为最大。

沿湖岸边有湖波冲蚀而成的悬崖，东南岸多有沙丘，尤以印第安纳国家湖滨区和州立公园的沙丘最为著名。湖区气候温和，大部分湖岸为避暑地。东岸水果产区颇有名，北岸曲折多港湾，湖中多鳟鱼、鲑鱼，垂钓业兴旺。南端的芝加哥为重要的工业城市，并有很多港口。12 月中至来年 4 月中港湾结冰，航行受阻，但湖面很少全部封冻，几个港口之间全年都有轮渡往来。北岸弯曲，良港众多，主要湖港有芝加哥、密尔沃基等。南岸平直，且多沙丘，无天然港口。东岸受湖水调剂，晚春早秋亦不冰冻，沿岸盛产苹果、桃、梨等水果。

密歇根湖

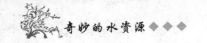

伊利湖　伊利湖是北美五大湖的第四大湖，东、西、南面为美国，北面为加拿大，湖水面积 25667 平方千米，呈东北—西南走向，长 388 千米，最宽处 92 千米，湖面海拔 174 米，平均深度 18 米，最深 64 米，是五大湖中最浅的一个，湖岸线总长 1200 千米。底特律河、休伦河、格兰德河等众多河流注入其中，湖水由东端经尼亚加拉河排出。岛屿集中在湖的西端，以加拿大的皮利岛为最大。西北岸有皮利角国家公园（加拿大）。主要港口有美国的克利夫兰、阿什塔比拉等。沿湖工业区曾导致许多湖滨游览区关闭，20 世纪 70 年代末环境破坏得到控制。

安大略湖　安大略湖是北美洲五大湖最东和最小的一个，北为加拿大，南是美国，大致成椭圆形，主轴线东西长 311 千米，最宽处 85 千米。水面约 19554 平方千米，平均深度 86 米，最深 244 米，蓄水量 1688 立方千米。有尼亚加拉、杰纳西、奥斯威戈、布莱克和特伦特河注入，经韦兰运河和尼亚加拉河与伊利湖连接。著名的尼亚加拉大瀑布上接伊利湖，下灌安大略湖，两湖落差 99 米。湖水由东端流入圣劳伦斯河。安大略湖北面为农业平原，工业集中在港口城市多伦多、罗切斯特等。港湾每年 12 月至来年 4 月不通航。

安大略湖

拉多加湖

拉多加湖是欧洲最大的淡水湖，旧称涅瓦湖。在俄罗斯欧洲部分西北部，在圣彼得堡以东约40千米。湖长219千米，平均宽83千米，面积1.8万平方千米。湖水南浅北深，平均深51米，北部最深处230米，湖水容积908立方千米。北岸大多高岩岸，有许多深切的小峡湾，湖岸曲折。南岸低平，多沙嘴和浅滩。有沃尔霍夫、斯维里和武奥克萨等河注入。西南有涅瓦河流出，通波罗的海。湖中风浪大，不利于航运。南岸建有环湖的新拉

拉多加湖

多加运河，为沟通白海—波罗的海及伏尔加河—波罗的海的重要航道。鱼类丰富，以鲑、鲈、鳊、白鱼、鲟、狗鱼和胡瓜鱼类为主。

湖区属温寒气候，平均年降水量610毫米。结冰期较长，沿岸地区可达5～6个月，中部约3个月。

贝加尔湖

贝加尔湖是世界上容量最大、最深的淡水湖。位于布里亚特共和国和伊尔库次克州境内。湖型狭长弯曲，宛如一弯新月，所以又有"月亮湖"之称。它长636千米，平均宽48千米，最宽79.4千米，面积3.15万平方千米，平均深度744米，最深点1680米，湖面海拔456米。贝加尔湖湖水澄澈清冽，且稳定透明（透明度达40.8米），为世界第二。其总蓄水量23600立方千米。贝加尔湖容积巨大的秘密在于深度，该湖平均水深730米，最深1620米，两侧还有1000～2000米的悬崖峭壁包围着。湖面海拔456米。在

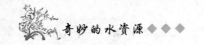

贝加尔湖周围，总共有大小 336 条河流注入湖中，最大的是色楞格河，而从湖中流出的则仅有安加拉河，年均流量仅为 1870 立方米/秒。湖水注入安加拉河的地方，宽约 1000 米以上，白浪滔天。

　　湖上风景秀美、景观奇特，湖内物种丰富，是一座集丰富自然资源于一身的宝库。湖中的动植物比世界上任何一个淡水湖里的都多，其中 1083 种还是世界上独一无二的特有品种。最令科学家感兴趣的是生物的古老性，其中有很多西伯利亚其他淡水湖已绝迹的物种。该湖还是俄罗斯的主要渔场之一。贝加尔湖就其面积而言只居全球第九位，却是世界上最古老的湖泊之一。

贝加尔湖

维多利亚湖

　　维多利亚湖位于非洲肯尼亚、乌干达和坦桑尼亚三国的接壤处，呈不规则的四边形，南北长 337 千米，最宽处为 241 千米，平均水深 40 米，最大水深 82 米，湖面面积 6.84 万平方千米，湖岸线长 3200 千米，湖面海拔 1134 米，流域面积达 23.89 万平方千米，湖水容积 2700 立方千米，是非洲第一大淡水湖和世界第二大淡水湖。维多利亚湖中多岛屿和暗礁，其中最大的岛屿是斯皮克湾北面的凯雷韦岛，岛上长满树木，高出湖面 198 米；湖的西北角分布有由 62 个岛屿组成的塞塞群岛，人口稠密，风景优美。维多利亚湖的南岸岸线曲折，多悬崖陡壁，在花岗岩丘陵间分布着很多小湖湾；北岸亦曲折多岬角；东北岸有一条狭长的水道通往卡韦朗多湾，并延伸 64 千米到肯尼亚的基苏木。维多利亚湖流域面积广大，入湖河流众多，其中较大者有发源于基伍湖东面，由湖西侧注入的卡格拉河和唐加河。湖周分布着广阔的平原和沼泽。有数百万人口居住在湖周 80 千米的范围内，是非洲人口最稠密的地区之一。湖中全年可以通航，湖港有木索马、基苏木等。由于 1954 年建成了欧文瀑布水坝，维多利亚湖实际上已变成一个大水库。维多利亚湖风景独特，生物种类繁多，在湖的东南岸建有塞伦盖蒂国家公园，园内生活着大量野牛、斑马、狮子、豹、大象、犀牛、河马、狒狒和 200 多种鸟类。

维多利亚湖

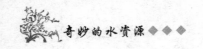

我国的湖泊

我国天然湖泊众多，在 960 万平方千米的国土上，面积有 1 平方千米以上的天然湖泊 2.8 万多个。总面积约 8.3 万平方千米，只相当于世界最大淡水湖——美国与加拿大界湖苏必利尔湖的面积。

在这 2.8 万个湖泊中，属内流区的约占 55%，多为咸水湖。其中青海湖是我国最大的湖泊；西藏的纳木错，湖面海拔 4718 米，是世界上面积超过 1000 平方千米湖泊中海拔最高的湖泊；东北长白山主峰白头山上的中、朝界湖——天池，水深 373 米，是我国深度最大的湖泊；青海柴达木盆地中的察尔汗盐湖，湖盐的储量世界闻名。我国面积超过 1000 平方千米的湖泊有青海湖、兴凯湖（中、俄界湖）、鄱阳湖、洞庭湖、太湖、呼伦池、洪泽湖、纳木错、奇林错、南四湖、艾比湖、博斯腾湖、扎日南木错等。

1. 青海湖

青海湖位于青藏高原的东北隅，古称"鲜水"、"西海"，是新构造断陷湖。青海湖目前东西长约 106 千米；南北最宽处为 63 千米，1959 年湖面高程为 3196.55 米，面积 4300 平方千米；近年来由于湖水位持续下降，湖面高程降至 3193.7 米，水域面积降至 4000 平方千米。青海湖的平均水深约 17 米，最大水深为 25.8 米，湖水容量约 82 立方千米，是我国最大的湖泊。青海湖四面环山，是一个封闭的内陆湖，南为青海南山，东为日月山，西为阿木尼尼库山，北是大通山脉。青海湖有大小 50 多条河流注入其中，

青海湖

但多为季节性河流，其中最大的是布哈河，由西北流入；从北部流入的河流有沙柳河、哈尔盖河、乌哈阿兰河；由南部注入的河流有黑马河等。青海湖水面辽阔，水天一色，水呈青绿色，因而汉族人称其为"青海湖"，蒙古族人叫它"库库诺尔"，藏族人则称之为"温布错"，都有"蓝色湖泊"之意。青海湖的湖滨四周是高寒灌丛草原和高寒草甸草原，是良好的牧场。青海湖区景色优美，碧水蓝天，绿茵白云，羊群滚动，空气清新，是旅游度假的好去处。提起青海湖，人们都会不由自主的想到鸟岛。鸟岛原本是靠近湖西岸的一个小岛，每年都吸引大批来自印度次大陆、马来半岛的候鸟到此栖息和繁殖，现已建立了鸟类自然保护区，有各种鸟类约10万只。近年来由于气候变干，湖水位持续下降，鸟岛已和岸边陆地相连变成了半岛。

2. 鄱阳湖

鄱阳湖古称彭蠡泽、彭泽或彭湖，位于江西省北部，湖盆由地壳陷落

风平浪静的鄱阳湖

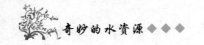

不断淤积而成，南北长110千米，东西宽50～70千米，北部最狭窄处只有5～15千米，是我国第一大淡水湖。鄱阳湖平水位时（14～15米）面积为3050平方千米，高水位时（21米）为3583平方千米，最大水深16米，而枯水时面积仅500平方千米，因而有"夏秋一水连天，冬春荒滩无边"之说。流入鄱阳湖的河流主要有赣江、修水、鄱江、信江、抚江等，湖水经北部湖口注入长江。鄱阳湖对长江洪水有巨大的调节作用，可削减赣江洪峰流量的15%～30%。鄱阳湖水草丰美，有利于水生生物的繁殖，生活在其中的鱼类有100多种，主要是鲤鱼。湖滨盛产水稻、黄麻，是江西省的主要农业区。在鄱阳湖周围的南昌、都昌等地，建有面积为228.33平方千米的河蚌保护区，主要保护对象是三角河蚌、褶纹河蚌等。在鄱阳湖区建立的自然保护区，主要保护以白鹤等为主的珍稀候鸟。

3. 洞庭湖

洞庭湖位于湖南省北部的长江南岸，为我国第二大淡水湖。洞庭湖流域辽阔，汇水面积24.7万平方千米，地跨湘、赣、粤、桂、黔、川、鄂等7省（区），有湘江、资水、沅江和澧水等4条河流注入，湖水则经北面的城陵矶流入长江。长江大水时可倒灌进洞庭湖，大大减轻了以下两岸地区的洪水压力。原洞庭湖号称我国第一大湖和第一大淡水湖。据记载，1825年面积约为6000平方千米，1949年时面积为4500平方千米。后来由于4条河流大量泥沙的带入（每年约1.28亿吨）和淤积，人们不断地围湖造地，湖面急剧缩小，水域面积只剩下2691平方千米，"八百里洞庭"也被分割成西洞庭湖、南洞庭湖和东洞庭湖，调蓄洪水的能力大为降低。1998年长江大洪水的出现，水利专家认为，洞庭湖的围湖造田和水面缩小，是诱发的重要原因之一。当岳阳城陵矶的水位为33.5米时，洞庭湖的蓄水量为17.4立方千米，最大水深为30.8米。洞庭湖的水位变动幅度特大，洪、枯水位相差达13.6米之多，因而有"霜落洞庭干"之说。洞庭湖的水产非常丰富，以鱼和湘莲著称，是我国重要的淡水养殖基地之一。洞庭湖航运便利，湖滨平原盛产稻米、棉花，是我国的重要农业区之一。洞庭湖自然风光秀丽，人文遗存和名胜古迹众多，有岳阳楼、君山、二妃墓和柳毅井等，

洞庭湖

其中君山已被列入自然保护区。

4. 太　湖

　　太湖古称震泽，位于江苏省的南部，为我国第三大淡水湖，是一个典型的碟形浅水湖泊。太湖原是由长江等河流携带泥沙淤塞海湾而成的泻湖，后经江、浙两省百余条河流输入淡水的冲洗，逐渐演变成淡水湖。太湖正常水位时，湖面高程为3米，水面面积2250平方千米，蓄水量为2.72立方千米。平均水深1.94米，最深4米。太湖接纳江浙众多河流，经苏州河及黄浦江等水道注入长江入海。太湖流域连接大小200多条河流，维系180多个湖泊，是

风景如画的太湖

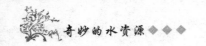
江南的水网中心。太湖是国内外著名的旅游胜地，也是周围大小城乡的重要水源地，水体的保护十分重要。太湖流域土地肥沃，气候适宜，盛产茶叶、桑蚕、亚热带水果，是著名的"江南鱼米之乡"和"江南金三角"的腹心地区。太湖有大小岛屿40多个，其中以洞庭西山最大。太湖的东岸与北岩山山水相连，山水风光秀美，著名景点有灵岩山、惠山、鼋头渚等等。

5. 呼伦池

呼伦池又称呼伦湖、达赉诺尔、达赉湖等，战国时的《山海经》称其为"大泽"，唐代叫俱伦泊，元代叫阔夷海子，清代则称为库不楞湖，位于内蒙古自治区的呼伦贝尔大草原上，是内蒙古最大的湖泊。呼伦池湖长80千米，宽30～40千米，最大面积2342.5平方千米，湖面海拔545米，平均水深5.7米，最深约10米，流域面积为11067.5平方千米，蓄水量约为12.3立方千米，湖水水质良好，是一个微咸水内陆湖。

呼伦池

湖中盛产鱼类，是内蒙古的一个大型湖泊鱼场。呼伦池在东南面接纳哈拉哈河与乌尔逊河，并通过其下游与贝尔湖相通；在西南面接纳克鲁伦河。在湖的北面原有木得那亚河与海拉尔河相连，1958年为保护扎赉诺尔煤矿将其堵死，另开人工运河与海拉尔河沟通，并修筑闸门以控制水位。据调查，20世纪初呼伦池还是由一些小湖和洼地组成的沼泽，大约在1908年克鲁伦河涨水，才把小湖和洼地串连起来，并扩大成为较大的湖泊。呼伦池岸边地形低下，地下水埋藏较浅，岗丘连绵，牧草丰茂。风光壮美，牧业发达，被誉为"呼伦贝尔草原的明珠"。

6. 洪泽湖

洪泽湖位于江苏省洪泽县的西部，是我国的第四大淡水湖。洪泽湖地区古时原本是海湾，后来由于河流三角洲的发育而成为内陆，并在浅盆地上发育成湖荡群，其中一个较大的湖荡叫破釜塘，隋朝改为洪泽浦，唐时始名洪泽湖。洪泽湖平时湖面积为2069平方千米，平均水深只有2米，最深不过5.5米；而在大水时水位15.5米时，湖的面积可扩大到3500平方千米。现在洪泽湖的年平均进出水量达50立方千米，主要是淮河来水。洪泽湖所在的淮河流域，历史上是个水患频发地区，现经过治理，加固了湖周的大堤，防洪标准提高到水位16米，不仅解决了水患威胁，也使洪泽湖具有了灌溉、航运和渔业之利。

洪泽湖

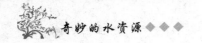

水库

还有一种特殊的湖泊资源，那就是人工湖泊——水库。

水库除了蓄水的库盆外，主要由拦河坝、溢洪道与输水洞等人工建筑物组成。同时，水库还有水电站厂房、码头等设施。拦河坝起拦截上游来水，抬高水位的作用；溢洪道是水库的太平门，起下泄洪水的作用；输水洞可引水发电，灌溉或排沙，有时用来放空水库或排泄部分洪水。

水库的规模通常用水库的容积来表示。按库容的大小，水库可分为大型、中型、小型和塘坝四类。

我国是世界上水库数量最多的国家。如今，全国已兴建大、中、小型水库数万座，其中95%以上为土石坝。众多的水库、塘坝对我国的生态环境有着巨大影响。

青草沙水库

位于上海长兴岛北侧的青草沙水库，是我国最大的蓄淡避咸河口江心

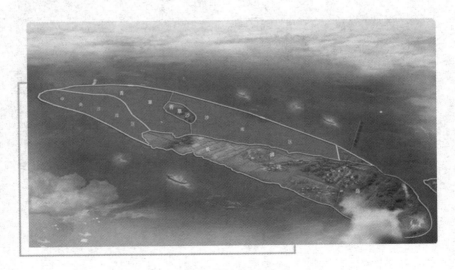

青草沙水库效果图

水库，它是利用长兴岛的原有江堤以及在江面新建的 22 千米大堤围出来的一片近 70 平方千米的水域，面积与长兴岛相当。

青草沙水库设计总库容为 5.24 亿立方米，有效库容 4.35 亿立方米，建成后日供水规模为 719 万立方米，能够在 68 天不进水的情况下往中心城区供应优质淡水，有效应对长江冬季咸潮和各类突发水污染事故。它是继黄浦江上游和长江陈行水库之后，上海第三个也是最大的一个水源地。青草沙水库总投资近 170 亿元，于 2007 年 11 月 25 号开工建设。整个工程在2010 年底全部完工。青草沙的供水规模已占上海全市原水供应总规模的 1/2以上。上海市区将有超过 1000 万的百姓从中受益。

三峡水库

三峡水库是三峡水电站建立后蓄水形成的人工湖泊，总面积 1084 平方千米，淹没陆地面积 632 平方千米，范围涉及湖北省和重庆市的 21 个县市，淹没 2 个城市、11 个县城、1711 个村庄，其中有 150 多处国家级文物古迹。库区受淹没影响人口共计 84.62 万人，搬迁安置的人口有 113 万。淹没房屋总面积 3479.47 万平方米。175 米正常蓄水位高程，总库容 393 亿立方米，形成总面积达 1000 多平方千米的人工湖泊。自宜昌三斗坪至重庆 650 千米江段及支流河谷将增添一批可作为旅游景点的岛湖风光，其中湖泊 11 个、岛屿及半岛 14 个。

水库把陆地变为水体，库区由原来的陆面转化为广阔的水面。由于水体的辐射性质、热容量和导热率都不同于陆地，因此改变了库面与大气间的热交换，使库区附近气温变化趋于和缓。由于库面蒸发的增加，库区附近空气湿度增加，降水量可能增多。水库对河川径流有调节作用。

首先，水库使其下游河段人工渠流化，运用水库来抬高水位，集中落差，并对入库径流在时程上、地区上按用水部门的需要，重新进行分配。这一过程称为水库的调节作用。

其次，水库可削减洪峰流量，改变水库上下河段的水、沙平衡条件。将丰水期多余的水量蓄存起来，以备枯水期使用。

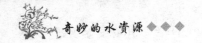

三峡水库泄洪

此外，水库又是地下径流的重要补给来源，使库区及周围地区地下水位抬高，在一定区域内造成土壤的沼泽化或盐渍化，进而引起水生植物、湿生植物或耐盐植物的繁殖。

沼　泽

沼泽是地表多年积水或土壤层水分过饱和的地段。我国各地群众习惯用湿地、草滩地、苇塘地、甸子等来称呼沼泽。沼泽地区一般地势低平，排水不良，蒸发量小于降水量。它具有三个基本特征：

（1）地表经常过湿或有薄层积水；（2）生长沼生或湿生植物；（3）有泥炭积累或有草根层和腐殖层，均有明显的潜育层。

全球沼泽面积约为112万平方千米，占陆地面积的0.8%。主要分布于北半球的寒冷地区，其中以加拿大北部、欧亚大陆北部最为集中。

我国沼泽总面积约有 11 万平方千米，占国土面积的 1.15%。主要分布在以下三个地区：

（1）沿海地区　主要指长江口以北的沿海新淤滩地，一般分布于高潮线以下地区。在浙江和台湾西部沿海也有零星沼泽分布。

（2）河流泛滥地区　为东北三江（黑龙江、松花江、乌苏里江）平原、嫩江和松花江汇合处以及新辽河北岸等地区。

（3）高原、高山地区　为青藏高原、大小兴安岭等地区。由于冬季地面积雪。次年春、夏季表层冰雪融化，下面仍为不透水的冻土层，故地面常积水，杂草和苔藓等植物丛生，形成沼泽。

沼泽的形成是各种自然因素综合作用的结果。地表水分过多是形成沼泽的直接因素，地势低平、排水不畅、渗透困难等，是造成地表水分积聚的主要因素。因而，气候湿润的地区最有利于沼泽的形成和发育。沼泽的形成，可分为水体沼泽化和陆地沼泽化 2 大类。

（1）水体沼泽化是指江、河、湖、海边缘或浅水部分由于泥沙沉积，水草丛生，逐渐演变成沼泽。

水体沼泽化中常见的是湖泊沼泽化，以浅湖沼泽化为最多。浅水湖泊湖岸倾斜平缓，有利于水草丛生。水生植物或湿生植物不断生长与死亡，沉入湖底的植物残体在缺氧的条件下，未经充分分解便堆积于湖底，变成泥炭，再加上泥沙的淤积。使湖面逐渐缩小、水深变浅，水生植物和湿生植物不断地从湖岸向湖心蔓延。最后整个湖泊就变成了沼泽。

在深水湖泊的背风岸水面上常长满了许多长根茎的

沼泽地

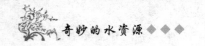

漂浮植物，它们的根茎相互交织成网，成为漂浮植物毡，"浮毡"可与湖岸相连。由风或水流带入湖中的植物种子便在浮毡上生长起来。以后由于植物的不断生长与死亡，植物残体不断累积在浮毡上，形成泥炭。当浮毡发展到一定厚度时，其下部的植物残体在重力作用下，逐渐脱落沉入湖底形成下部泥炭层。随着时间的推移，上、下部泥炭层不断扩大、加厚，湖底渐渐淤高，使浮毡与湖底泥炭层之间的距离逐渐缩小，直至两者完全相连，深水湖泊就全部转化为沼泽。

河流沼泽化常发生在水浅、流速小的河段，其形成过程同浅湖沼泽化相似。

（2）陆地沼泽化主要有森林沼泽化和草甸沼泽化两种。森林沼泽化一般在寒带和寒温带森林地区，因森林阻挡了阳光和风，减少了地面水分蒸发，枯枝落叶层覆盖地面，拦蓄部分地面径流。如遇林下土质黏重、排水不良的情况，就会使土壤过湿，引起森林退化，而适合这种环境的草类、藓类植物大量繁殖生长，森林逐渐演变成沼泽。采伐森林和火灾可使土壤表层变得坚实，减少了水分蒸腾，使土壤表层过湿，为沼泽植物的生长发育创造了条件。

草甸沼泽化一般发生在地面积水或土壤过湿的低平地区。由于土壤孔隙被水和死亡的草甸植物残体充填，造成土壤通气状况不良。有机质在嫌气环境下分解缓慢而转化为泥炭，进一步增强了蓄水能力，使地表更加湿润，湿生植物逐渐侵入，于是草甸逐步转化为沼泽。

沼泽体具有不同于地表水和地下水的独特的水文特征。主要表现在沼泽的含水性、透水性、蒸发及径流等特征和动态变化方面。

沼泽的含水性是指沼泽中的草根层或泥炭层的含水性质。水在草根层和泥炭层以重力水、毛管水、薄膜水、结合水等形式存在。重力水可沿斜坡流入排水沟或其他排泄口。毛管水、薄膜水和结合水都受分子力作用，不会从草根层和泥炭层中自行流出，部分被植物根系吸收，部分由沼泽表面直接蒸发，剩余部分只有采取特殊手段才能除掉。沼泽中草根层的结构呈海绵状，持水能力大。泥炭层也含有大量水分，按重量比计算，泥炭沼泽含水量一般为 89% ~ 94%。可以说沼泽是一个无形的"蓄水库"。

水分在沼泽表层渗透很快，到下层渗透很慢，可用渗透系数（K）表示，K 值的大小受草根层和泥炭层结构类型的制约，渗透系数随潜水面的升高而迅速增大。水分在沼泽表层渗透很快，渗透系数可达每秒数十厘米，1 米深处的渗透系数往往不到 0.001 厘米/秒。

沼泽中的泥炭层毛管发育良好，可以使数米深的地下水上升至地表，且泥炭层吸热能力强，所以沼泽的蒸发比较强烈，蒸发量接近甚至大于自由水面。当沼

亚马孙森林沼泽

泽表面积小，土壤过湿或潜水位较高时，沼泽的蒸发量较大；反之，当沼泽的潜水位较低，毛管水不能上升到沼泽表面时，蒸发量则急剧减少。如植物覆盖度大、生长繁茂，则强烈的植物蒸腾将消耗大量水分。据计算，在沼泽的水分支出中，蒸发消耗的水量约占 75%，说明蒸发在沼泽水分动态变化中起重要作用。

沼泽径流是指由沼泽体向河、湖汇集的水流。沼泽径流可分为沼泽表面的漫流和产生于草根层或泥炭层中的壤中流（侧向渗流）。沼泽一般排水不畅，加以植物丛生，故沼泽水运动十分缓慢。据计算，泥炭层最上部水的流速每天只有 2~3 米。沼泽的径流量也很小，一般为蒸发量的 1/3。在降水集中的季节，地表径流较多，径流量较大。沼泽径流量随潜水面埋深的增大而减小。

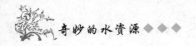

沼泽径流

沼泽及沼泽化地是重要的荒地资源，发展农业生产的潜力很大。沼泽地的土壤，潜在肥力较高，蕴藏着丰富的泥炭资源。据初步估计，我国东北的泥炭储量约 152 亿吨。氮、磷、钾、钙等含量较丰富。1949 年后，各地群众和研究部门把泥炭直接或间接地作为肥料使用，对于改良土壤，提高肥力，增加农作物产量均取得了显著的效果。近年来，利用泥炭制作腐殖酸类肥料，取得了良好的增产效果。

沼泽地水深大多为 10～50 厘米，如能采取排水等措施，可变为良好的耕地、牧场和宜林地。如东北三江平原，过去是渺无人烟的"北大荒"，现在是著名的"北大仓"。古时湖沼相连，水草丛生的杭嘉湖平原和江汉平原现已成为渔米之乡。

此外，沼泽中的沼泽植物（纤维植物数量较多）和泥炭在工业、医药卫生部门也有广泛的用途。

大气水

地球上的水，除了主要集中在海洋和陆地外，大气中也有水。

我们知道，在地壳表面外包围着一层厚厚的大气——称为大气圈，它是地球的外部圈层。大气层好像地球的"外衣"，保护着地球的"体温"，使其变化不至于过于剧烈；同时它为地球上重要的水循环起到关键的运载作用，并保护地球上的水不至于跑到宇宙空间而导致地球变成一个无水的"干球"。

大气水主要来自地面及地表水体——江河、湖泊、海洋等的蒸发、植物的蒸腾以及冰川雪盖的冰雪升华而进入大气之中。空气流动，大气水也随之飘移，同时，流动的空气也会将与之接触的水体表面的水分带到大气之中。

自地球表面向上，大气层可以延伸到数千里的高空。根据大气的温度和密度等物理性质在垂直方向上的差异，可将大气自下而上分为5层：对流层、平流层、中间层、暖层（电离层）和散逸层。大气水（汽）几乎都集

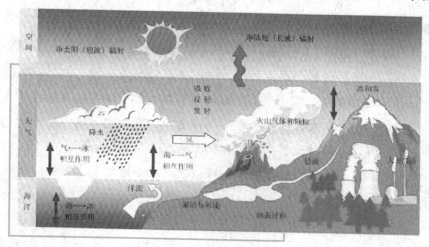

大气水

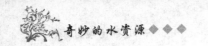

中在紧贴地面的厚度不过十几千米的对流层中，在对流层最下面接近地球表面的5千米高度（或说厚度）内就集中了90%的大气水（汽）。到平流层，大气水（汽）含量就极少，再向上的中间层、暖层（电离层）和散逸层大气水就基本不存在了。

大气水在水平方向上的分布差异也很大。海洋上空及沿海陆地上空总是聚集了较多的大气水；而干旱的陆地，特别是广袤的沙漠上空，一般总是艳阳高照，大气水含量甚微，因此，这些地区的大气也就十分干燥。

大气水不仅在空间上分布不均，就是在同一个地区的不同时期，其差异也是很大的，在多雨的季节，大气中的水（汽）就比久旱无雨时期多得多。

大气中的水量（大气水）与其他水体相比，不算多，并且在时空上的分布差异很大，但就整个地球大气而言，其含量还是比较稳定的。经测算，整个地球大气水约占地球大气层总质量的0.2%，约为1.29万立方千米，仅占地球总储水量的1/10万。但是大气水却比地球上所有的江河、湖泊和沼泽水都多，是地球上生物水的10倍。

大气水是各种水体中最活跃的水体之一，它的更换周期只有8天，一年可更新44次，这样一年累计在大气中的水量就有5.707万立方千米，也就是全球年降水总量。

大气水对于地球上的有机体，特别是陆地上生命的生存是至关重要的。

前文我们已经说过，海洋和陆地上的水受热蒸发，进入大气，大气中的水（汽）遇冷凝结，以雨雪等形式降落下来，形成降水，从而实现了海洋与陆地之间的水文大循环和海洋与海洋上空、陆地与陆地上空之间的水文小循环。在这循环过程中，大气水是以气态或以尘埃为核凝结成小水珠，随大气垂直和水平运动，形成降水。可见大气水是地球上水循环（无论是大循环还是小循环）得以实现的重要环节。

大气水不仅是地球上大小水文循环得以实现的重要环节，同时由于水的比热容很大，使大气水具有很大的热容，再加上水又有更大的熔解热和汽化热，这就使水在同样条件下，其温度的变化远不像其他物质那样显著，

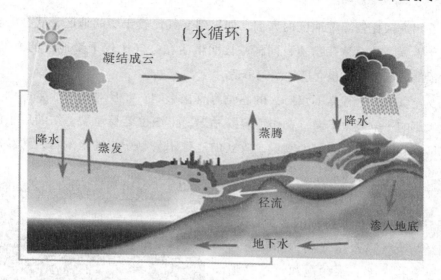

蒸腾的水蒸气

所以大气水在保护地球"体温",使其温度变化不至于过分剧烈当中起着重要作用,扮演着重要角色。

水是无色透明的,所以地面上的水蒸发一般是看不见的,不过在辽阔的原野,当骄阳似火时,对着强光的一面,仔细观察,可以看到蒸腾的水蒸气青云直上,这是因为水蒸气是由许多水分子碰撞组合而成的极微小水珠。水与空气相比是光密物质,阳光穿过这些小水珠和空气时,由于速度不同就产生折射的缘故。

我们通常用潮湿和干燥来描述大气中含水(汽)的多少,这是凭借人们感官来判断的。在物理上,是用"湿度"来表示大气中的干湿程度。表示空气湿度有多种表示方式,用空气里所含水蒸气的密度可以表示相对湿度和绝对湿度。

直接测定空气中水蒸气的密度是比较困难的,但是,由于水蒸气的密度越大,它的压强也越大,因此,就可以用空气里水蒸气的压强来表示空气的干湿程度。空气里所含水蒸气的压强称作空气的绝对湿度。

人类生活于大气之中。不同地区的空气干湿程度往往有很大差异,人们由于长期在某地生活,就会比较适应本地区空气的干湿状况。例如,生活在沿海或比较潮湿地区的人们，如果到空气比较干燥的地区，就会感到口干舌燥，甚至鼻孔出血；同样，长期生活在空气比较干燥地区的人们，到沿海或潮湿地区也会感到湿闷不适。

空气的干湿程度不仅对人的感觉有直接影响，并且对工农业生产也有很大影响。空气太干燥，农作物容易枯萎，土壤也容易龟裂，纺纱厂里的棉纱易脆而断头；空气太潮湿，收获的庄稼不易晒干，甚至发霉，纺纱厂里的棉纱也会发霉。

但是许多跟湿度有关的现象，例如，蒸发的快慢、动物的感觉等，不是与大气里所含水蒸气的多少有关，而是与大气里水蒸气离饱和状态远近有直接关系。水的饱和汽压是随着气温的升高而增大。在空气的绝对湿度相同的情况下，气温高时，水蒸气离饱和状态就远，蒸发就快，人们就会感觉气候干燥；相反，气温降低，水蒸气离饱和状态就近，蒸发就慢，人们就会感觉气候潮湿。因此，在研究空气湿度时，只用绝对湿度是不够的，还要引进相对湿度的概念来表示空气中的水蒸气离饱和状态的远近。

相对湿度是某温度时空气的绝对湿度与同一温度下水的饱和汽压的百分比。

我们常用干湿球温度表（也叫干湿泡温度计）来测定大气的绝对湿度和相对湿度。这种方法是用一对并列温度计，其中一支是测定气

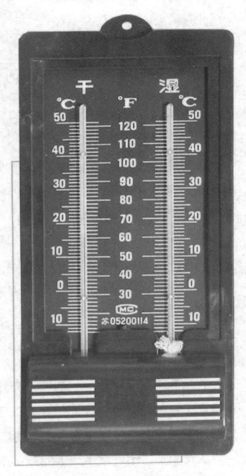

干湿球温度计

温用的，称"干球温度表"；另一支的球部裹以湿纱布，称为"湿球温度表"。如果空气未饱和，则由于纱布上水分蒸发吸热，湿球温度表的读数就低于干球。这样就可以根据干、湿球温度表的读数，用气象专用图表求出空气的绝对湿度和相对湿度。

总之，适宜的湿度，使人们备感舒服；相反，湿度过高或过低，会使人们感到压抑、窒息、狂躁不安，甚至严重影响身体健康而无法长期生存。动植物也是一样。在漫长的自然选择、生存竞争之中，不同的动植物都适应一定的湿度范围，而且绝大多数的动植物对湿度的要求，比看起来十分娇贵的人类显得更加娇贵。

在理解了前面所说的未饱和汽和未饱和状态，饱和汽和饱和状态之后，对云、雾、雨、雪、雹的成因就不难理解了。如果空气中的水汽未达到饱和状态，蒸发就继续进行，天空将是万里无云。但是通常从地面算起，每上升100米，大气温度就平均下降0.6℃，那么距地面1000米，大气温度就降低6℃，在几千米的高空，气温就下降得更多。在接近地面的大气中的水汽尚处于未饱和状态，当升到几千米高空时，由于饱和汽压随温度的降低而降低，大气中的水蒸气就变成饱和状态，大气中的水蒸气（遇冷）就凝聚成微小的水点成团漂浮在高空之中，就形成云，天空就不再是晴空万里，而变为天高云淡。当大气中的水蒸气越来越饱和，云量越聚越多时，大气中的水汽以大气中的尘埃为核，凝结成更大的水滴，由于重力的原因不能悬浮在空中时，就下降成雨；当空中的水蒸气冷至0℃以下时，凝结成白色结晶体（多为六角形），飘落而下，就是雪。雹又叫冰雹，在发展很盛的积雨云中，由于气流强烈上升，虽然温度在0℃以下，但尚未冻结的小水滴碰撞已冻结成的冰晶，结成小冰球（小雹），虽然在重力作用下小冰球会下降，但遇到较强的上升气流又随之上升，这样反复升降，冰球就越来越大，最终降落到地面称为雹（冰雹）。降雹虽说时间一般不长，但破坏力很大，在我国降雹多发生在北方的夏季和春秋季。雾是当气温下降时，空气中所含的水蒸气达到饱和，凝结成小水点，飘浮到地面。这往往与特殊的天气（气压、降温）及地形特点有关。其实，雾

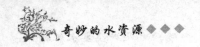

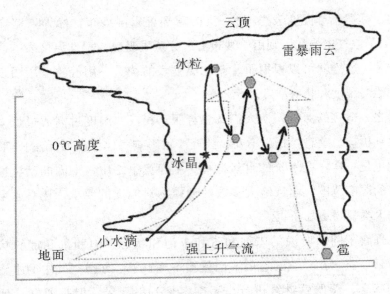

云顶

雷暴雨云

冰粒

0℃高度

冰晶

小水滴

地面

强上升气流

雹

冰雹形成示意图

也就是飘浮在地面上的云。当你处在被云笼罩的高山时，就会置身于雾霭之中。像我国著名的庐山，常被云所笼罩，到达庐山之上，总是被浓雾包围，能见度很低。

城市有比较多的雾，这是由于城市的空气中有比较多的尘埃成为大气水的凝结核，使大气中的水蒸气容易凝结成小水滴，飘浮在地面上方形成雾的缘故。

生物水

水是生命的摇篮。自从生命在地球上诞生之日起，生命就始终在水的伴随下存在。在今天的地球上，几乎哪里有水存在，哪里就有生物。

生物水，顾名思义是指生物体内的水。生物水是地球上所有水体中水量最少的水体，但它却是所有水体中最活跃的水体，更换周期最短。只需几个小时，生命有机体的水就更换一次。

尽管各种生命体内含水量的百分比不同，但水都是生命体的主要组成成分，是一切生物共同的物质基础。

一般说来，水生生物和生命活动旺盛的细胞，含水率较高；陆地生物和生命活动不活跃的细胞，含水率较低。例如，水母体内，水的含量高达97%；在人的胎儿脑里，水的含量也高达91%；而在硬骨组织里，水的含量就只有20%～25%；在长时间休眠的种子和孢子里，水的含量甚至不到10%。

据测算，地球生物圈内，生命物质的总质量约为14000亿吨，平均按80%的含水率推算，生物水的质量约为11200亿吨。

地球上的生物，除了病毒之外，所有的生物体都是由细胞构成的。细胞不仅是生物体的结构单位，而且是生物体进行一切生命活动的基本单位。水是构成细胞的各种物质中含量最多的，大约占细胞鲜重的80%～90%。

水在细胞中有两种存在形式：一部分水与细胞内的其他物质相结合，是构成细胞的重要组成，这部分水大约占细胞内全部水分的4.5%，被称为结合水；另一部分，也是绝大部分水是以游离的形式存在于细胞之中，由于这部分水可以自由流动，所以称为自由水。自由水是细胞内的良好溶剂，

海月水母

许多物质都是溶于自由水中，这样通过自由水在生物体内流动，就把营养物质运送到生物体内各个部分的细胞之中，同时也把生物体内各个部分的细胞在新陈代谢中产生的废物，运送到排泄器官或直接排出体外。总之，生物体一切生命活动的重要生化反应都是在水环境中进行的，离开水，生物的生命活动必将停止，生物也就不能存在。

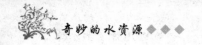

　　活的生物体都时时刻刻地与周围环境进行着物质和能量的交换，这个在活细胞中全部有序的化学变化过程叫做新陈代谢。新陈代谢是生物与非生物最基本最显著的本质区别。生物只有在新陈代谢的基础上，才表现出生长、发育、遗传和变异等基本特征。新陈代谢一旦停止，生命也就结束了。在新陈代谢的合成和分解两个过程中，水不仅是重要的参与物质，而且起着无可替代的运载作用，因为在通常情况下是液态，又有很好的溶解性，并且在溶解溶质后其自身的化学性质却显得十分稳定，因而能被生物体多次利用的物质非水莫属，也就是说唯有水才可以当此"大任"。

　　绿色植物的叶绿体利用光能，把水和二氧化碳转变为有机物（主要是淀粉），把光能转变成为贮藏在有机体内的能量，并释放出氧气，这个过程称为光合作用。光合作用是绿色植物新陈代谢的最显著特征，是植物最重要的生理功能。

　　在光合作用的过程中，发生了物质和能量的两种转化：一是把水和二

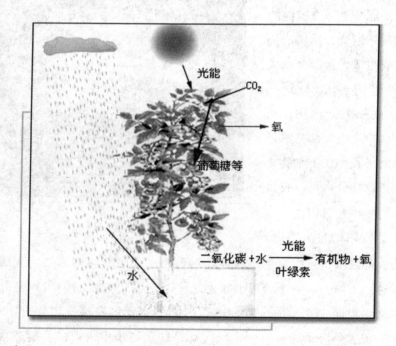

光合作用示意图

氧化碳等无机物转变成淀粉等有机物的物质转化，这是自然界中一切生物的食物来源；另一种是把人类不能直接利用的太阳能转变成贮藏在有机物（如淀粉）中的能量转化，这是自然界中一切生物的能量来源。

绿色植物的光合作用消耗大气中的二氧化碳而释放出氧，而这氧正是来自水（H_2O），这不仅改变了地球原始大气的成分，而且使亿万年至今大气中的氧和二氧化碳保持相对的稳定，创造着适合人类和各种生物生存的大气环境。

总之，绿色植物的光合作用是人类赖以生活的基础，是地球上生物进化发展的最重要里程碑，而水是光合作用不可缺少的物质。可以说，没有光合作用，地球上就不可能出现高级动物，也就不会有人类。

水分代谢是绿色植物新陈代谢的主要内容，是靠蒸腾作用完成的。植物体不断地把体内的水分以气体的形式散失到大气中，这种生理过程叫做蒸腾作用。植物的叶是蒸腾的主要器官。

植物吸收（主要靠根部）到体内的水分，只有1%左右，保留在体内，参与光合作用和其他的代谢过程，而99%的水分经过蒸腾作用而散失。

植物的蒸腾作用是非常重要的。

首先蒸腾作用所产生的拉力是植物吸收水分和促进水分在体内运输矿物养料的主要动力。

其次由于蒸腾作用，水分散失到大气的过程中，水变成水蒸气吸收了大量的热，也就降低了植物体和叶面的温度，使其免遭强烈阳光照射而造成的灼伤，从而保证了植物呼吸作用的正常进行。

再次植物的蒸腾作用把植物体内的水分散发到大气之中，提高了大气的湿度，增加了降水；同时由于在蒸腾过程中吸收了大量热量，降低了空气温度，所以，炎热的夏天在树林里会备感凉爽。

动物，特别是高级动物，主要是靠消化系统吸入和排泄水分，还可以经过皮肤和呼吸系统散失水分。人是热血恒温生物，人受热会通过出汗来散热，以此来调控体温。同时，通过自身的调节减少排尿量。汗水是咸的，这说明随汗水的大量排出，人体内的盐分也会大量流失。这时

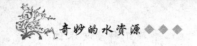

人就要不断补充含盐的水，以维持体内水和无机盐的平衡。人呼出的气里也含有很多水分，这在寒冷的冬季室外最明显，呼出的气形成白色的"雾霭"，就是由于呼出的气中的水分遇冷后凝结成小水珠或小冰晶飘浮在空气中的缘故。

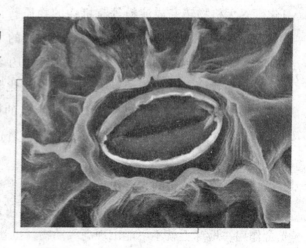

气孔蒸腾

绿色植物主要靠根吸收水分，根部吸收水分最活跃的部位是根毛区，其细胞内含有大量亲水性物质——纤维素、淀粉和蛋白质等，靠吸胀作用，从外界吸收大量水分。成熟细胞有液泡和细胞膜，靠渗透作用吸收水分。

渗透吸收是液泡中的细胞液通过原生质层与外界环境的溶液发生渗透作用而得失水分。当细胞液浓度大于外界溶液浓度时，细胞通过渗透作用而吸水；反之，当细胞浓度小于外界溶液浓度时，细胞通过渗透作用而失水。

水资源开发利用现状

世界水资源利用现状

  地球表面的70%被水覆盖，但淡水资源仅占所有水资源的2.5%，近70%的淡水固定在南极和格陵兰的冰层中，其余多为土壤水分或深层地下水，不能被人类利用。地球上只有不到1%的淡水或约0.007%的水可为人类直接利用，而中国人均淡水资源只占世界人均淡水资源的四分之一。

  地球的储水量是很丰富的，共有14.5亿立方千米之多。地球上的水，尽管数量巨大，而能直接被人们生产和生活利用的，却少得可怜。首先，海水又咸又苦，不能饮用，不能浇地，也难以用于工业。其次，地球的淡水资源仅占其总水量的2.5%，而在这极少的淡水资源中，又有70%以上被冻结在南极和北极的冰盖中，加上难以利用的高山冰川和永冻积雪，有87%的淡水资源难以利用。人类真正能够利用的淡水资源是江河湖泊和地下水中的一部分，约占地球总水量的0.26%。全球淡水资源不仅短缺而且地区分布极不平衡。按地区分布，巴西、俄罗斯、加拿大、中国、美国、印度尼西亚、印度、哥伦比亚和刚果等9个国家的淡水资源占了世界淡水资源的60%。约占世界人口总数40%的80个国家和地区约15亿人口淡水不足，

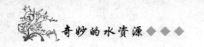

其中 26 个国家约 3 亿人极度缺水。更可怕的是，预计到 2025 年，世界上将会有 30 亿人面临缺水，40 个国家和地区淡水严重不足。

根据联合国教科文组织每三年发布一次的《世界水资源发展报告》，地球表面超过 70% 的面积为海洋所覆盖，淡水资源十分有限，而且在空间上分布非常不均，其中只有 2.5% 的淡水资源能够供人类、动物和植物使用。

对淡水资源构成压力的主要方面之一是灌溉和粮食生产对水资源的需求。目前农业用水在全球淡水使用中约占 70%，预计到 2050 年农业用水量可能在此基础上再增加约 19%。

人类对水资源的需求主要来自于城市对饮用水、卫生和排水的需要。全球目前有数亿人口仍在使用未经净化改善的饮用水源。每年有几百万人的死因与供水不足和卫生状况不佳有关，这主要发生在发展中国家。全球有超过一半以上的废水未得到收集或处理，城市居住区是污染的主要来源。

地下水是人类用水的一个主要来源，全球接近一半的饮用水来自地下水。但地下水是不可再生的，在一些地区，地下水源已达到临界极限。目前与水有关的灾害占所有自然灾害的 90%，而且这些灾害的发生频率和强度在上升，对人类经济发展造成严重影响。

我国水资源的开发利用

我国水资源总量

降水资源总量

权威资料统计，1956 ~ 2006 年的 50 年中，我国的年平均降水总量为 6.2 万亿立方米，折合降水深 648 毫米，低于全球陆地平均值约 20%。受气候和地形影响，降水的地区分布极不均匀，从东南沿海向西北内陆递减。

我国台湾地区多年平均降水 2535 毫米，而塔里木盆地和柴达木盆地则不足 25 毫米。

受季风气候影响，我国降水量年内分配极不均匀，大部分地区年内连续 4 个月降水量占全年水量的 60% ~ 80%。也就是说，我国水资源中大约有 2/3 是洪水径流量。我国降水量年际之间变化很大，南方地区最大年降水量一般是最小年降水量的 2 ~ 4 倍，北方地区为 3 ~ 8 倍，并且出现过连续丰水年或连续枯水年的情况。降水量和径流量的年际剧烈变化和年内高度集中，是造成水旱灾害频繁、农业生产不稳定和水资源供需矛盾十分尖锐的主要原因，也决定了我国江河治理和水资源开发利用的长期性、艰巨性和复杂性。

地表水资源总量

地表水资源总量是指河流、湖泊、冰川、沼泽等水体的动态水量，河川径流量基本上综合反映了这一水量。根据 1956 ~ 2006 年资料的分析计算，全国降水量中约有 56% 的水量通过陆面蒸发返回空中，44% 形成径流。全国河川径流总量为 27115 亿立方米，折合径流深 284 毫米，其中地下水排泄量 6780 亿立方米，约占 27%；冰川融水补给量 560 亿立方米，约占 2%；从国境外流入的水量约 171 亿立方米。中等干旱年（约 4 年一遇）全国河川径流量约 25490 亿立方米，严重干旱年（约 20 年一遇）为 23590 亿立方米。

土壤水通量

根据陆面蒸散发量和地下水排泄量估算，全国土壤年水通量约 4.2 万亿立方米，约占降水总量的 67%，其中约 16% 通过重力作用补给地下含水层，最后由河道排泄形成河川径流，其余 3.5 万亿立方米消耗于土壤和植被的蒸散发。

地下水资源量

地下水资源量系指与降水、地表水有直接补排关系的地下水总补给量。

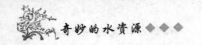

根据水资源开发利用现状，全国多年平均地下水资源量约 8288 亿立方米，其中山丘区 6762 亿立方米，平原区 1874 亿立方米，山区与平原区重复交换量约 348 亿立方米。

水资源总量

地球上的水量是极其丰富的，其总储水量约为 13.86 亿立方公里，大部分水储存在低洼的海洋中，占 96.54%，而且其中 97.47%（分布于海洋、地下水和湖泊水中）为咸水，淡水仅占总水量的 2.53%，且主要分布在冰川与永久积雪（占 68.70%）之中和地下（占 30.36%）。我国水资源总量为 2.8 万亿立方米，居世界第 6 位。中国主要河流有 5 万公里，我国水资源人均占有量仅相当于世界人均水平的四分之一。从总体上看，我国干旱缺水。600 余座城市中有 300 多座缺水，严重缺水的就有 100 多座城市。我国每年因缺水造成的经济损失高达千亿元以上。北京人均水资源量为世界人均水资源量的 4%。水资源是人类生产和生活不可缺少的自然资源，也是生物赖以生存的环境资源，随着水资源危机的加剧和水环境质量不断恶化，水资源短缺已演变成世界倍受关注的资源环境问题之一，甚至有人预言，未来战争的起因很可能就是由于对水资源的争夺。

我国水资源南多北少，相差悬殊。

（1）南方区

全国水资源有 80.4% 分布在长江流域及其以南地区，而该地区的人口占全国 53.6%，耕地占全国 35.2%，GDP 占全国 55.5%。人均水资源量 3481 立方米。亩均水资源量 431.7 立方米，属于人多、地少、经济发达、水资源相对丰富的地区。

（2）北方区

长江流域以北地区，人口占全国 44.3%，耕地占全国 59.2%，CDP 占全国 42.8%，水资源仅占全国 14.7%。人均水资源量 74.7 立方米，亩均水资源量 471 立方米，属于人多、地多、经济相对发达、水资源短缺的地区。黄淮海三流域尤为突出，三流域耕地占全国 39.1%，人口占全国 34.7%，

GDP占全国32.4%，而水资源仅占全国7.7%。三流域人均水资源量500立方米，亩均少于400立方米，是我国水资源最为缺乏的地区。

（3）内陆河区

内陆河片土地面积337万平方千米，约为全国的35%，水资源总量1300亿立方米，占全国的4.9%。该地区耕地面积占全国的5.6%，人口占全国2.1%，GDP占全国1.7%，虽然人均水资源量达到约4876立方米，亩均约1600立方米，但干旱区沙漠绿洲生态需要大量水分维系其脆弱的稳定性，使进一步开发利用水资源受到生态环境需水的制约。

就全国而言，我国河流的天然水质是相当好的。在南方和北方降水量较多的地区，河水矿化度和总硬度都比较低。全国主要江河干流的河水矿化度和总硬度也都比较低，其中最大的是黄河干流，其矿化度一般也只有300～500毫克/升，总硬度一般为85～110毫克/升，属中等矿化度适度硬水。

我国水资源开发利用情况

三峡工程全称为长江三峡水利枢纽工程。整个工程包括一座混凝重力

三峡工程拦河大坝

171
▲

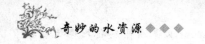

式大坝，泄水闸，一座堤后式水电站，一座永久性通航船闸和一架升船机。三峡工程建筑由大坝、水电站厂房和通航建筑物三大部分组成。大坝坝顶总长 3035 米，坝高 185 米，水电站左岸设 14 台，右岸 12 台，共装机 26 台，前排容量为 70 万千瓦的水轮发电机组，总装机容量为 1820 千瓦时，年发电量 847 亿千瓦时。通航建筑物位于左岸，永久通航建筑物为双线五包连续级船闸及早线一级垂直升船机。

三峡工程分三期，总工期 18 年。一期 5 年（1992～1997 年），主要工程除准备工程外，主要进行一期围堰填筑，导流明渠开挖。修筑混凝土纵向围堰，以及修建左岸临时船闸（120 米高），并开始修建左岸永久船闸、升爬机及左岸部分石坝段的施工。二期工程 6 年（1998～2003 年），工程主要任务是修筑二期围堰，左岸大坝的电站设施建设及机组安装，同时继续进行并完成永久特级船闸，升船机的施工。三期工程 6 年（2003～2009 年），本期进行的右岸大坝和电站的施工，并继续完成全部机组安装。届时，三峡水库将是一座长远 600 千米，最宽处达 2000 米，面积达 10000 平方千米。

三峡工程有着巨大的综合社会效益。

（1）防洪："万里长江，险在荆江"。荆江流经的江汉平原和洞庭湖平原，沃野千里，是粮库、棉山、油海、鱼米之乡，是长江流域最为富饶的地区之一，属国家重要商品粮棉和水产品基地。荆江防洪问题，是长江中下游防洪中最严重和最突出的问题。三峡水库正常蓄水位 175 米，有防洪库容 221.5 亿立方米。对荆江的防洪提供了有效的保障，对长江中下游地区也具有巨大的防洪作用。

（2）发电：三峡水电站装机总容量为 1820 万千瓦，年均发电量 847 亿千瓦时，是世界最大的电厂之一。

（3）航运：三峡工程位于长江上游与中游的交界处，地理位置得天独厚，对上可以渠化三斗坪至重庆河段，对下可以增加葛洲坝水利枢纽以下长江中游航道枯水季节流量，能够较为充分地改善重庆至武汉间通航条件，满足长江上中游航运事业远景发展的需要。

从 20 世纪 50 年代提出"南水北调"的设想后，经过几十年研究，南水北调的总体布局确定为：分别从长江上、中、下游调水，以适应西北、华北各地的发展需要，即南水北调西线工程、南水北调中线工程和南水北调东线工程。建成后与长江、淮河、黄河、海河相互联接，将构成我国水资源"四横三纵、南北调配、东西互济"的总体格局。

东线工程，从长江下游江苏省扬州江都抽引长江水，利用京杭大运河及与其平行的河道逐级提水北上，并连接起调蓄作用的洪泽湖、骆马湖、南四湖、东平湖。出东平湖后分

泄洪的三峡大坝

两路输水，一路向北，经隧洞穿黄河，流经山东、河北至天津。输水主干线长 1156 千米；一路向东，经济南输水到烟台、威海，输水线路长 701 千米。

中线工程，从长江中游北岸支流汉江加坝扩容后的丹江口水库引水，跨越长江、淮河、黄河、海河四大流域，可基本自流到北京、天津。输水总干线全长 1267 千米。

西线工程，在长江上游通天河、支流雅砻江和大渡河上游筑坝建库，开凿穿过长江与黄河的分水岭巴颜喀拉山的输水隧洞，调长江水入黄河上游，补充黄河水资源的不足，主要解决涉及青海、甘肃、宁夏、内蒙古、陕西、山西等黄河上中游地区和渭河关中平原的缺水问题。在规划的 50

年间，南水北调工程总体规划分三个阶段实施，总投资将达 4860 亿元。

2003 年 12 月 30 日，数十台大型施工机械在南水北调中线工程河北段作业。当日，南水北调中线一期工程正式开工。

2002 ~ 2010 年为实施南水北调工程近期阶段，总调水规模约 200 亿立方米；2011 ~ 2030 年为中期阶段，调水规模约增加 168 亿立方米，累计达到 368 亿立方米左右；2031 ~ 2050 年为远期阶段，年总调水规模约增加 80 亿立方米，累计达到 448 亿立方米左右。

南水北调这项世界上最大规模的调水工程，经过近 50 年的动议和论证，其东线、中线一期工程分别于 2002 年和 2003 年正式开工。至 2014 年 12 月 12 日，中线工程一期正式通水运行。南水北调工程的中线和东线的一期工程已全部完工，西线工程尚在规划中。

三峡工程，束万里长江、拦奔涌洪水、除千古险滩、通黄金水道、取不竭水能，圆了中国几代人的百年梦想；南水北调，纵横数千千米、连通江河淮海、输送生命甘泉，用一张"四横三纵"的大水网把中华民族紧紧凝聚在一起。同源母亲河流域，两大工程自身也密切相关：南水北调远景

南水北调东线江都水利枢纽

规划就是从三峡水库向北方引水。在两大工程的共同作用下，长江安澜将不再是遥远的梦想。

我国在水资源的开发利用上存在明显的地域性。

（1）南方片：在 1980～1997 年期间，供水量由 2246 亿立方米增长到 2951 亿立方米，供水量增长 704 亿立方米。占全国供水总增长量的 59.1%。其中长江、珠江两流域片供水量的增长最快，增长量约占南方片总增长量的 80%，反映了珠江三角洲和长江下游经济高速增长对供水量的影响。由于增长速度超过北方片和西北内陆片，1997 年南方片的供水量占全国的比重已从 1980 年的 50.7% 上升为 52.5%，增加了 1.8 个百分点。南方供水量的增长主要靠地表水，1999 年地表水供水量仍占总供水量的 95% 以上，但近几年来由于地表水受到污染影响，地下水的利用也有加大趋势，特别在长江下游和珠江三角洲地区比较明显。

（2）北方片：供水量由 1980 年的 1626 亿立方米增长到 1997 年的 2126 亿立方米，共增长 500 亿立方米，占全国总增长量的 42%。供水量的增长受当地地表水资源不足的影响，主要靠抽取地下水，包括超采地下水来维持不断增长的用水需求。1997 年地下水的利用比重，海河为 61%；黄河和淮河也分别上升到 33% 和 28%，松辽河达到 43%。全北方片达到 34%，比 1980 年的 24.7% 增加了 9.3 个百分点。地下水的开采量共增加 348 亿立方米，占供水总增加量的 70%。地表水的利用，1997 年和 1980 年相比，海河和黄河受干旱影响，地表水供水量略有减少，淮河靠引江使供水量有一定幅度的增长，松辽河地表水供水量增加了 84 亿立方米，全北方片地表水共增加 150 亿立方米，占供水总增加量的 30%。在 4 个流域片中以松辽河片供水量的增长最快，1997 年供水量比 1980 年增加了 265 亿立方米，占全片供水总增长量的 53%。

（3）内陆河片：1997 年地表水的供水量比 1980 年减少 32 亿立方米，这说明节水工作初见成效，但由于塔里木河、乌鲁木齐河、玛纳斯河、石羊河、黑河等流域的地表水开发利用程度已远超过 40% 的国际公认标准，严重影响了河流下游的生态环境，节水工作仍应进一步加强。地下水的开

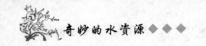

采量，1997 年比 1980 年增加了 19 亿立方米，总利用量达到 59 亿立方米，占总供水量的 10.8%，主要用于城市与工业供水。目前农灌区地下水的利用较少，地下水位偏高，次生盐渍化严重，今后应加大灌区地下水的利用，以减少陆面无效蒸发，控制次生盐渍化的发展。

我国水资源开发利用率 1980 年为 16.1%，1993 年上升到 18.9%，1997 年和 1999 年达到 19.9%。北方片的水资源利用率 1997 年已接近 50%，其中超过 50% 的流域片有黄河（67%）、淮河（59%）、海河（近 90%），均在北方地区。这些地区水资源的过度开发，引起了河流断流、湖淀干涸、地下水位大幅度下降、地面下沉、河口生态等问题。内陆河的水资源开发利用也已超过 40%，松辽河片已达 32%，这些地区随着灌溉面积的进一步扩大，也应特别注意水资源和相关生态环境的保护，南方各流域片的水资源利用率虽不高，但要注意水质保护。这些水资源丰富地区因污染造成水体质量下降，从而产生了水质型或污染型缺水现象。

我国水能资源

据世界能源会议的资料，全世界的水能资源理论容量为 50.5×10^8 千瓦，可能开发的水能资源估算装机容量为 22.61×10^8 千瓦，占理论容量的 45%；年发电量为理论发电量的 22%，平均利用时间为 4330 时。

地球上水能资源的储量及可开发的水能资源的分布不均匀。可开发的装机容量 22.61×10^8 千瓦中，亚洲为 9.05×10^8 千瓦，约占世界总量 40%。全球每年可开发的水能发电量为 9.8×10^8 千瓦时，其中亚洲为 3.54×10^8 千瓦时，占 36%。这说明亚洲的水能资源是丰富的，但利用时间上只有 3910 时，低于世界平均利用时数。按发电量计算，每平方千米可能开发的水能发电量以南美洲最高，每年为 8.98×10^4 千瓦时；其次是欧洲，每年为 8.76×10^4 千瓦时；亚洲居第三位。

利用水能资源发电，1950 年全世界的装机容量为 7120×10^4 千瓦，年发

电量为 3324×10^8 千瓦时，占可能开发电量的 3.9%。1980 年装机容量已发展到 4.6×10^8 千瓦，发电总电量为 1.75×10^8 千瓦时，开发利用程度为 18%，有的国家则已利用 36%，甚至达 80% ~ 90%。如瑞士、法国、意大利的利用率已超过 90%，美国达 46%，前苏联达 19%。我国按 1983 年的资料水能发电量达 863×10^5 千瓦时，只占 4.5%。

按照保证率 95% 计算，全世界拥有最大水能资源的国家依次为扎伊尔、中国、原苏联、巴西、加拿大、印度、美国、印度尼西亚和喀麦隆。

如果按平均出力计算水能资源，依次为中国、原苏联、美国、扎伊尔、加拿大等。由保证率 95% 计算的电量与平均出力计算的电量的比值表示径流的稳定性，则扎伊尔为 0.94，巴西为 0.74，加拿大为 0.45，中国为 0.37，前苏联为 0.36，美国为 0.31。扎伊尔的径流稳定性非常高。

世界上某些国家利用水能资源发电的装机容量呈逐年上升的趋势。有的国家水能发电所占比重很高。如挪威水电占 99%，巴西占 83%，埃及占 83%，瑞士占 80%，新西兰占 71%，加拿大占 62%，奥地利占 61%，瑞典占 55%。

2007 年世界上较大型的水电站排名

国　名	所在河流	最大水头（米）	装机容量（万千瓦）	年发电量（亿千瓦·时）	开始发电年份
中国	三峡　长江	113	1820	847	2003
巴西、巴拉圭	伊泰普　巴拉那河	126	1260	710	1984
美国	大古力　哥伦比亚	108	1083	203	1942
委内瑞拉	古里　卡罗尼河	146	1030	510	1968
巴西	图库鲁伊　托坎廷斯河	68	800	324	1984
俄罗斯	萨扬舒申斯克　叶尼塞河	220	640	237	1978
俄罗斯	克拉斯诺雅尔斯克　叶尼塞河	100.5	600	204	1968
加拿大	拉格兰德	142	533	358	1979
加拿大	丘吉尔瀑布　丘吉尔河	322	523	345	1971

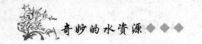

三峡水电站

自然界中河流的大小对水能资源的多寡有重要的影响，可决定大中小型水电站的开发和布局。中小河流难以建成大型电站，只能建设中小型水电站。在西欧一些国家以及日本和中国等，多中小河流，建造中小型水电站也较多。根据小水电站的统计资料，我国的小水电站装机容量占全部水电站装机容量的比例最大，达 34%，共有小电站 88000 座，装机容量为 693×10^4 千瓦。其次是日本，占 14.8%，共有小水电站 1930 座装机容量 416.1×10^4 千瓦。其他国家所占比例未超过 10%，但对于小水电站仍然是关注的，因为小水电站能分散于用电量不大的局部地区，而且建设周期短，经济效益快，造价低，能缓和电力紧张的状况。若再努力研究，通过标准设计，可以大大减少小水电站的投资和进一步提高效益。

水能发电的重要条件之一，是要有相应的水库调节径流。库容超过1000 亿立方米的水库全世界有 7 座，最大的首推非洲的维多利亚湖—尼罗河的欧文瀑布，库容 2048 亿立方米，但它尚未用于发电。其次为原苏联安

加拉河上兴建的布拉茨克水库，库容 1693 亿立方米，发电装机容量为 460
×10⁴ 千瓦。埃及阿斯旺水库库容为 1640 亿立方米，装机容量约为布拉茨
克水库的一半，为 210×10⁴ 千瓦。我国三门峡水库库容 354 亿立方米，在
世界大库容水库中仅排名第 18 位。全球库容超过 200 亿立方米的有 27 个国
家。其中原苏联居首位，总库容为 11373 亿立方米，相应水库座数最多，达
202 座；其次是加拿大，总库容为 7653 亿立方米；美国居第三位，总库容
7478 亿立方米；第四是巴西，总库容 2663 亿立方米；第五是乌干达，总库
容 2048 亿立方米；第六是我国，总库容近 2000 亿立方米。库容大于 10 亿
立方米的美国有 160 座，原苏联有 64 座，加拿大有 54 座，巴西有 34 座，
我国有 31 座。

水资源需求与供水量预测

经济社会需水预测

生活需水预测

生活需水分城镇居民需水和农村居民需水两类，可采用人均日用水量
方法进行预测。

根据经济社会发展水平、人均收入水平、水价水平、节水器具推广与
普及情况，结合生活用水习惯、现状用水水平，参考国内外同类地区或城
市生活用水定额水平，参照建设部门已制定的城市（镇）用水标准，分别
拟定各水平年城镇和农村居民生活用水净定额；根据供水预测成果以及供
水系统的水利用系数，结合人口预测成果，进行生活净需水量和毛需水量
的预测。城镇和农村生活需水量年内比较均匀，可不统计或对生活需水的
月分配按系数进行分配。

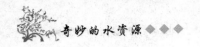
农业需水预测

农业需水包括农田灌溉需水和林牧渔业需水。

农田灌溉需水　根据作物需水量考虑田间灌溉损失计算农田净灌溉定额，根据比较选定的灌溉水利用系数，进行毛灌溉需水量的预测。

农田净灌溉定额，可选择具有代表性的农作物的田间灌溉定额，结合农作物播种面积预测成果或复种指数加以综合确定。有关部门或研究单位大量的灌溉试验所取得的灌溉试验成果，可作为确定农作物净灌溉定额的基本依据。资料比较好的地区确定农作物净灌溉定额时，可采用彭曼公式计算农

农业灌溉用水

作物潜在蒸腾蒸发量、扣除有效降雨并考虑田间灌溉损失后的方法而得。

有条件的地区可采用降雨长系列计算方法设计灌溉定额，若采用典型年方法，则应分别提出降雨频率为50％、75％和95％的田间灌溉定额。田间灌溉定额可分为充分灌溉和非充分灌溉两种类型。对于水资源比较丰富的地区，可采用充分灌溉定额；而对于水资源比较紧缺的地区，可采用非充分灌溉定额。预测田间灌溉定额应充分考虑田间节水措施以及科技进步对减少田间灌溉定额的影响。

对于井灌区、渠灌区和井渠结合灌区，应根据节水规划的有关成果，分别确定各自的渠系及灌溉水利用系数，并分别计算其净灌溉需水量和毛灌溉需水量。

林牧渔业需水　包括林果地灌溉、草场灌溉、牲畜用水和鱼塘补水等四类。林牧渔业需水量中的灌溉（补水）需水量部分，受降雨条件影响较

大，有条件的或用水量较大的地区应分别提出降雨频率为50%、75%和95%三类情况下的预测成果，其总量不大或不同年份变化不大时可用平均值代替。

根据当地试验资料或现状典型调查，分别确定林果地和草场灌溉的净灌溉定额；根据灌溉水源及灌溉方式，分别确定渠系水利用系数；结合林果地与草场发展面积预测指标，进行林地和草场灌溉净需水量和毛需水量预测。鱼塘补水量为维持鱼塘一定水面面积和相应水深所需要补充的水量，采用亩均补水定额方法计算，亩均补水定额可根据鱼塘渗漏量与水面蒸发量与降水量的差值加以确定。

工业需水预测

工业需水分高耗水工业需水、一般工业需水和火（核）电工业需水3类。

高耗水工业和一般工业需水可采用万元增加值取用水量法进行预测，高耗水工业需水预测可参照国家经贸委编制的工业节水规划的有关成果。火（核）电工业分循环式和贯流式两种用水类型，采用发电量（亿千瓦时）取用水量法进行需水预测，并以装机容量（万千瓦）取用水量法进行复核。

工业用水

建筑业和第三产业需水预测

建筑业需水预测以单位建筑面积取用水量法为主，以建筑业万元增加

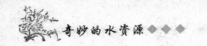

值取用水量法进行复核。第三产业需水可采用万元增加值取用水量法进行预测。根据这些产业发展规划成果，结合用水现状分析、预测各规划水平年的净需水定额和水利用系数，进行净需水量和毛需水量的预测。

生态环境需水预测

生态环境用水是指为生态环境美化、修复与建设或维持现状生态环境质量不至于下降所需要的最小需水量。我国地域辽阔，气候多样，生态环境需水具有地域性、自然性和功能性特点。生态环境需水预测要根据本区域生态环境所面临的主要问题，拟定生态环境保护与建设目标，确定生态环境需水预测的基本原则，明确生态环境需水的主要内容及其要求。

按照美化生态环境和修复生态环境，并按河道内和河道外两类生态环境需水口径分别进行预测。根据各分区、各流域水系不同情况，分别计算河道内和河道外生态环境需水量。

河道内生态环境用水一般分为维持河道基本功能和河口生态环境的用水。河道外生态环境用水分为湖泊湿地生态环境与建设用水、城市景观用水等。

不同的生态环境需水量计算方法不同。城镇绿化用水、防护林草用水等以植被需水为主体的生态环境需水量，可采用灌溉定额的预测方法；湖泊、湿地、城镇河湖补水等，以规划水面面积的水面蒸发量与降水量之差为其生态环境需水量；其他生态环境需水，可结合各分区、各河流的实际情况采用相应的计算方法，并开展专题研究。

河道内其他生产活动用水（包括航运、水电、贯流式火电及核电、渔业、旅游等），一般来讲不消耗水量，但因其对水位、流量等有一定的要求，因此，为做好河道内控制节点的水量平衡，亦需要对此类用水量进行估算。

河道外需水量，一般均要参与水资源的供需平衡分析。因此，在生活、生产、生态需水量预测数据的基础上，按城镇和农村两大供水系统（口径）

分配需水量预测数据,并进行需水量预测数据汇总。在进行城镇和农村需水量预测时,可参照现状用水量的城乡分布比例,结合工业化和城镇化发展情况,对工业、建筑业和第三产业的需水量进行城乡分配,也可按"三产"需水的口径,分区按城乡分别预测。

供水可从地表水和地下水供水两方面来加以分析考虑。

地表水供水

地表水资源开发,一方面要考虑更新改造、续建配套现有水利工程可能增加的供水能力以及相应的经济技术指标,另一方面要考虑规划的水利工程,重点是新建大中型水利工程的供水规模、范围和对象,以及工程的主要技术经济指标,经综合分析提出不同工程方案的可供水量、投资金额和效益。

地表水可供水量计算,要以各河系各类供水工程以及各供水区所组成的供水系统为调算主体,进行自上游到下游,先支流后干流逐级调算。大型水库和控制面积大、可供水量大的中型水库应采用长系列进行调节计算,得出不同水平年、不同保证率的可供水量,并将其分解到相应的计算分区,初步确定其供水范围、供水目标、供水用户及其优先度、控制条件等,供水资源合理配置最终确定;其他中型水库和小型水库及塘坝工程可采用简化计算,如采用兴利库容乘复蓄系数估算;引提水工程根据取水口的径流量、引提水工程的能力以及需水要求计算可供水量;规划工程要考虑与现有工程的联系,按照新的供水系统进行可供水量计算。

可供水量计算应预计不同规划水平年工程状况的变化,既要考虑现有工程更新改造和续建配套后新增的供水量,又要估计工程老化、水库淤积和因上游用水增加造成的来水量减少等对工程供水能力的影响。

为了计算重要供水工程以及分区和供水系统的可供水量,要在水资源评价的基础上,分析确定主要水利工程和流域主要控制节点的历年逐月入流系列以及各计算分区的历年逐月水资源量系列。

地表水

在水资源紧缺地区，要研究在确保防洪安全的前提下，改进防洪调度方式，提高洪水的利用程度。

病险水库加固改造：收集大型病险水库及重要中型病险水库加固改造的作用和增加的供水量的有关资料。

灌区工程续建配套：收集灌区工程续建配套有关资料，分析续建配套对增加供水量、提高供水保证率以及提高灌溉水利用效率的有关资料。填报附表，并附简要说明。

在建及规划大型水源工程和重要中型水源工程：在建及规划的蓄引提调等水源工程，要按照规划工程的设计文件，统计工程供水规模、范围、对象和主要技术经济指标等，分析工程的作用，计算工程建成后增加的供水能力以及单方水投资和成本等指标。有条件的地区应将新建骨干工程与现有工程所组成的供水系统，进行长系列调算，计算可供水量的增加量，并相应提出对下游可能造成的影响。大型水利工程及重要中型水利工程要逐个分析。

规划和扩建的跨流域调水工程：跨流域调水工程主要是指水资源一级区间的水量调配工程，以及涉及不同省级行政区的独立流域之间的跨流域调水工程。要收集、分析调水规模、供水范围和对象、水源区调出水量、受水区调入水量，以及主要技术经济指标等。跨流域调水工程，要列出分期实施的计划，并将工程实施后，不同水平年调入各受水区的水量，纳入相应分区的地表水可供水量中。

其他中小型供水工程：面广量大的其他中小型蓄引提工程，可按计算单元汇总分析。要求收集各计算单元内此类中小型工程最近几年的实际供水量、工程技术经济指标，在此基础上预测其可供水量，并分析规划工程的效果、作用和投资。

地下水供水

要求结合地下水实际开采情况、地下水可开采量以及地下水位动态特征，综合分析确定具有地下水开发利用潜力的分布范围和开发利用潜力的数量，提出现状基础上增加地下水供水的地域和供水量。要求各省（自治区、直辖市）填报附表，并绘制有地下水开发利用潜力地区的分布图。

在地下水超采区，应拟定压缩开采量（含禁采）的计划，以超采区地下水可开采量作为确定超采区地下水供水量的依据。

划定地下水供水区和确定地下水供水量后，在现有地下水工程的基础上，既要提出对现有地下水工程的更新改造、续建配套规划，又要提出规划地下水工程规划，并作出相应的规划安排和投资预算。

其他水源开发利用主要指参与水资源供需分析的雨水集蓄利用、微咸水利用、污水处理回用和海水利用等。

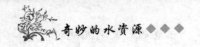

水资源可持续性开发利用

水资源可持续利用的含义

水资源可持续利用是为保证人类社会、经济和生存环境可持续发展对水资源实行永续利用。可持续发展的观点是 20 世纪 80 年代在寻求解决环境与发展矛盾的出路中提出的，并在可再生的自然资源领域相应提出可持续利用问题。其基本思路是在自然资源的开发中，注意因开发所致的不利于环境的副作用和预期取得的社会效益相平衡。在水资源的开发与利用中，为保持这种平衡就应遵守供饮用的水源和土地生产力得到保护的原则，保护生物多样性不受干扰或生态系统平衡发展的原则，对可更新的淡水资源不可过量开发使用和污染的原则。因此，在水资源的开发利用活动中，绝对不能损害地球上的生命支持系统和生态系统，必须保证为社会和经济可持续发展合理供应所需的水资源，满足各行各业用水要求并持续供水。

为适应水资源可持续利用的原则，在进行水资源规划和水工程设计时应使建立的工程系统体现如下特点：天然水源不因其被开发利用而造成水源逐渐衰竭；水工程系统能较持久地保持其设计功能，因自然老化导致的功能减退能有后续的补救措施；对某范围内水供需问题能随工程供水能力的增加及合理用水、需水管理、节水措施的配合，使其能较长期保持相互协调的状态；因供水及相应水量的增加而致废污水排放量增加时，需相应增加处理废污水能力的工程措施，以维持水源的可持续利用效能。

水资源可持续利用的有效途径

实施气候工程

对水资源的开发利用，要拓展思路，广开水源挖掘潜力，过去只强调对地表水和地下水的开发利用，很少注意向天要水，而大气水则是众水之源，是地表水和地下水的主要来源，要解决水资源短缺问题，除了要合理开发利用好地表水和地下水外，还要充分考虑向天上借水，实施气候工程，以弥补水资源的不足。根据气候变化特点，不失时机地进行人工降雨。在雨洪季节，实行"蓄、疏、导、调"措施，建设小型水库、水坎、水窖，把雨水拦截在当地，除水害、兴水利、化害为利，把雨水转换成可有效利用的水资源。

人工降雨

节约每一滴水

在积极开发利用水资源的同时，应高度重视水资源的节约与保护，要开源节流并重。根据水资源状况，一要因地制宜，以水定地，合理布局工

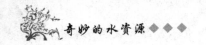

农业生产，达到水资源的合理配置，综合开发；二要采用先进技术，实行科学用水，计划用水，不但要科学利用地表水，合理开发地下水，还要有效使用天上水，提高水的综合利用率；三要划定和保护饮用水源区，尤其是重点城市水源区和农村水源保护地；四要大力宣传节约用水，提高全民节水意识，建立节水农业，节水企业，节水型社会生产体系，并制定相关的政策、措施和可持续利用的指标体系，确保节约用水，合理用水。

积极进行水污染防治

水污染已经有目共睹，已到了岌岌可危的程度，非治理不可了。一方面对已经污染的水域要积极治理，多种措施并行，这是治标。二是要积极保护尚未曾被污染的水域，避免重蹈覆辙，从根上保护水体，这是治本。

大力开展生态水资源建设

植树种草，绿化荒山荒坡，大力营造农田防护林带，建设城镇生态风景林带和河渠、道路、村镇四旁绿化林带等，做到治水与治山相结合，生物措施与工程措施相结合，充分发挥森林植被的涵养水源、蓄水保墒、防风固沙、减少入河泥沙、调节气候等生态作用，保护水资源，合理开发利用水资源。

生态水资源建设

水资源保护

水资源危机

在世界现有总水量中，海水约占97%，淡水储量只占2.53%。在地球的淡水中，深层地下水、南北两极及高山的冰川、永久性积雪和永久性冻土底层共占淡水总量的97.01%以上；而比较容易开发利用的湖泊、河流、浅层地下水等淡水量仅占全球淡水总量的2.99%，约为104.6万亿立方米，每年通过水文循环，淡水的补给量为47万亿立方米。鉴于深层地下水、南北两极及高山的冰川，永久性积雪等大量淡水目前尚难开发利用，不少国家或地区出现了淡水资源不足和告急。早在20世纪80年代中期以前，全世界的用水量为3.5万亿立方米/年，而耗水量为2.12万亿立方米/年。世界4个最大用水国分别是：美国、俄国、印度和中国。它们的人口占世界人口的50%左右，灌溉土地面积占全球的70%，用水量占全球用水量的45%以上。美国每天的人均用水量是四国中最高的，几乎是俄国的2倍，中国和印度的5倍多。在四个国家中，美国的工业及发电用水量也是最高的，约占用水总量的54%，俄国占45%，中国占5%，而印度仅占3%。就灌溉用水来说，印度则为四国之首，它占用水总量的96%，中国占93%，俄国占51%，美国只占33%。然而，这四个最大的用水国都面临着淡水量日趋匮

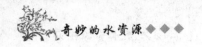

乏的严重问题。

人所共知，缺水是一个世界性的普遍现象。据统计，从 20 世纪 80 年代开始，全世界有 100 多个国家不同程度地缺水，世界上有 28 个国家，被列为缺水国或严重缺水国。现在缺水国达到了 40～52 个，缺水人口将增加 8 倍多，达 28 亿～33 亿。淡水严重缺少的国家和地区，甚至影响到人们的基本生存。在邻接撒哈拉沙漠南部的干旱国家，因为缺水，农田荒废，几千万人挣扎在饥饿死亡线上，每年约有 20 万人饿死。目前，发展中国家至少 3/4 的农村人口和 1/5 的城市人口，常年不能获得安全卫生的饮用水，17 亿人没有足够的饮用水，有的国家已经靠买水过日子。德国从瑞士买水，美国从加拿大买水，阿尔及利亚也从其他国家进口水。阿拉伯联合酋长国从 1984 年起，每年从日本进口雨水 2000 万立方米。精明的日本只要花 100 多吨水就可换得 1 吨石油。

水资源是环境和自然财富的主要组成部分之一，同时，似乎也是比其他资源容易受到人为作用影响的最活动的部分。世界上的许多国家，尤其是处于干旱地带内的国家，都感到适于日常需要的用水不足。甚至在水资源丰富的国家，当水资源在面积上和一年各季节中分布不均匀时，需水量的急剧增长已经使可供人们利用的淡水资源不足。著名的意大利水城威尼斯，由于枯水已风光不在。全球淡水危机，土地干涸已经成为普遍的现象，自然环境的恶劣在加速发展之中。水的因素已开始阻碍工农业生产。如何使可供人们利用的淡水资源有保障，防止水资源的枯竭和污染，以及使水资源再生，就引出地球上水资源开发利用中的一些问题。缺水威胁着地球人类的生存，世界 60 多亿人口中，已经有 34 亿人每天只能享有 50 升水，非洲大陆连年持续干旱，已使许多人家园毁弃背井离乡。干旱造成农作物大面积减产或绝收，已经不再是个别的现象。在世界各地，有许多的农民在承受着干旱所带来的打击。

埃塞俄比亚由于连年干旱，加上内战不已，20 世纪 80 年代有 100 多万人饿死，数百万人营养不良。埃塞俄比亚人渴望能把尼罗河的水引来浇灌农田，但他们要搞这一引水工程势必与苏丹和埃及发生冲突，因为这两个国家也需要尼罗河的水。特别是埃及，由于人口剧增，农田水利建设不当，埃及人曾计划开凿一条360千米长的运河，以使尼罗河河水改道，不经流苏丹而直接通过运河流入埃及境内。这个大型水利工程会极大地破坏自然生态平衡。一旦这个计划完成，苏丹的31500平方千米的大沼泽将会缩小80%。更加危险的是，不仅千万种鸟类、鱼类和其他哺乳动物将要绝迹，而且那里的40万人会有生命危险。由于苏丹1983年发生内战，埃及的这个计划最后搁浅。

水的问题在以色列和约旦之间的争端中始终具有战略意义，两国水源供应皆依赖约旦河。因此在20世纪60年代末的持久战中，以色列就反复轰炸约旦的一条运河，以造成约旦缺水，致使人们无法生存。约旦曾一度许多村镇每周只供两次水，然而为满足未来人口增长的需要必须增加1倍的供水量。以色列尽管有较好的水土保持和节水灌溉技术，但连年干旱，苏联犹太人移居以色列各城市，以及在加沙地带的75万名巴勒斯坦人，都加剧了以色列缺水的危机。加沙地下水位已下降到危险地步，不仅受到海水的侵蚀而且受到下水道污水的污染。

在中亚，咸海在过去30年间，面积缩小了2/3。湖水里的盐分和寄生虫大大侵蚀了湖泊周围的土地，使数百万人患肠胃病之类的疾病以及喉癌。伏尔加河的污染严重地破坏了鱼子酱工业的生产。波兰有1/3的河水被污染得无法使用。

1988年时，美国近30个州持续干旱达数月之久。中西部夏季歉收，科罗拉多河水位下降，致使8个州的农业及饮水供应受到威胁。田园荒芜，土地龟裂，电力生产锐减。由于大建水坝，使河流改道，野生动物濒临灭绝。南卡罗来纳州的供水十分紧张。旧金山南部的萨克拉门托河三角洲以每年7.5厘米的速度下沉，使这个低洼地区比以往更加容易受到海水侵蚀。为了不使三角洲的1900万人受到地沉、海水侵蚀的威胁，南卡罗来纳州用水必须有所节制。墨西哥对水的浪费以及林区乱砍滥伐

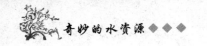

使墨西哥供水紧张。墨西哥城贫民区的供水实际是污水，然而就是这种脏水的供应也不充分。印度第四大城市马德拉斯是一个严重缺水的城市，这里的公共供水站的供水时间是每天清晨 4 ~ 6 时，居民们必须每天半夜起床，排队取水，否则他们一天的饮用水就无着落。印度还有许多严重缺水的城市，这些城市里只有医院和大饭店能得到特殊照顾。印度还有千千万万个农村根本没有供水设施，农民必须长途跋涉到有河水或井水的地方取水。即使在雨量较多的欧洲和美国东部地区水也紧张起来，水的质量还在下降。20 世纪 80 年代末期，全球每天有 4 万名儿童死亡，其中许多是因缺少洁净水而患腹泻、传染病及其他因水源危机而产生的副作用死亡的。

早在 20 世纪 50 年代前，人们还认为水资源是取之不尽用之不竭的。在 20 世纪后半期情况则发生了巨大的变化，与水资源有关的基础建设急剧扩展，随着人口的增长，工业迅速发展，农业灌溉面积的不断扩大，用水量也迅猛增加，使可供人们利用的水资源也相应地急剧减少。

供水水源（河流、湖泊、水库、地下水等）同时用来排放废水，因此，污染构成了水资源的主要威胁：1 立方米的废水可污染几十倍以上的净水。排放有害物质，特别是毒性较大的物质，给天然水自净造成了极大的困难。污染是可供人们利用的淡水资源枯竭的主要原因。

在工业发达的国家中，水体污染的规模是非常惊人的。美国最主要的河流系统均遭受了污染。美国主要河流密西西比河已成为废水和废物的巨大聚集地。西欧的个别河流，有 1/2 含有废水。如莱茵河从前是优美和清洁的象征，由于污染一度成为污水河，被石油产品薄膜所覆盖。污染向海洋蔓延，并开始向远洋渗透。每年向大洋排放数百万吨石油、数千吨放射性废物等。须知，大洋水的自净能力是有限的。

有害物质渗入土壤，并进入地下水中。污染源之一是对土壤施的肥料和给农作物喷撒的农药，这就使广大面积的地下水被污染，排入地下的生活污水和工业废水的影响更大。因此，几乎世界上的所有大城市和工业中

水体污染

心，如美国、西欧、日本，甚至发展中国家，上部含水层——潜水已被污染。

水资源枯竭的另一个原因是不合理的开采利用水资源，有时甚至是掠夺式的开采水资源。供水损耗量占采水量 20% 以上，灌溉损耗量占灌溉用水量的 50%～60% 以上，甚至更大。过量开采水对地下水的影响特别有害。在许多地区内，地下水水位的不断下降引起局部地区淡水含水层完全枯竭。

现代用水的特点是需水量急剧增加，超过了人口增长和生产发展的速度。需水量与现有资源量之间的差距不断缩小。地球上每年排出的废水总量，估计为 4000 多亿吨，而世界来水量以全球径流量计为 46.8 万亿立方米。所谓"水荒"正是与此有关。地球上的水资源是有限的。为了解决地球上淡水不足的问题，首先必须珍惜现有的水资源，防止它们被污染和枯竭；加强水资源开发利用中的自然保护措施。

如今，我国有许多人口密集的城市和居住区出现地下水降落漏斗，地

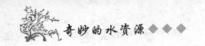

面发生沉降,供水紧张。以北京为例,多年平均年降水595毫米,年可用水资源总量43.33亿立方米(包括入境水量),人均水资源不足300立方米,仅为全国的1/8、世界的1/30,远远低于国际公认的1000立方米的缺水下限,属于严重缺水地区,也是世界上最严重缺水的大城市之一。

北京地表水资源少,依赖境外来水的官厅、密云两大水库上游来水不断减少,水质逐渐恶化。由于上游地区用水增加和近年来干旱少雨,两岸来水量已由20世纪50年代的年均31.3亿立方米减少到90年代的12亿立方米,且来水衰减的趋势越来越明显。同时,日益严重的水污染和水土流失加剧了水库水质恶化和淤积。官厅水库淤积已达6.5亿立方米,水质长年超过五类标准,到1998年已不能作为生活饮用水源。密云水库水质也有恶化的趋势。

在2005年之前,北京每年需水量为49.27亿~50.59亿吨,到2010年,需水量为52.70亿~53.95亿吨。

到2005年,北京市工业用水每年约为11.78亿吨,城镇生活用水为

密云水库

11.72 亿吨。而农业与城市河流、湖泊用水量是和降雨量有关的。在正常年景，可以给城市河流、湖泊补水 3 亿吨，农业用水为 20.77 亿吨。在枯水年和特枯水年，给城市河流、湖泊只能补 2.7 亿吨，农业用水将达到 22.39 亿吨。加上供水损失每年约为 2 亿吨，北京市每年需水在 49.27 亿~50.59 亿吨之间。平水年北京市地表水和地下水每年可提供水量为 41.33 亿吨，而枯水年和特枯水年只能提供 37.79 亿~34.09 亿吨，缺口为平水年的 7.94 亿吨，枯水年和特枯水年亏 12.8 亿吨和 16.5 亿吨。

到 2010 年，需水量约为 52.70 亿~53.95 亿吨，而提供的地表水和地下水为平水年 40.88 亿吨，枯水年和特枯水年为 33.99 亿~37.54 亿吨，缺口高达 11.82 亿~19.96 亿吨。

水问题是自然保护综合措施中最主要问题之一。在 20 世纪中叶，遍及全世界的科技革命将这一问题提到了全球的高度。现代科学技术的进步，经济的飞速发展，首先是人为作用、人口骤增以及社会原因、经济管理方式等，都是引起水问题产生的原因。

目前许多国家规定了防止水资源污染和枯竭的措施。我国也有成功实现保护各种自然资源的范例，其中包括水资源的保护和利用。大的江河都制定了用水、管水的长远措施。许多河流的净化工作已经开始，从而使情况有了好转。

水危机的解决途径

在不久的将来，除传统的供水水源河流、湖泊和地下水外，人类将要通过其他一些途径获取水资源。其中包括利用极地的冰。一些西方学者把很大的希望寄托在海水淡化上。但是，从北极地带或南极地带运冰及利用冰在技术上是很复杂的，任何一个设计都不是合算的。海水淡化在科威特应用得相当广泛。然而，在没有其他水源的地方，尽管淡化是得到饮用水最可取的方法，但连专家也不敢保证可用淡化水的方法代替传统的供水

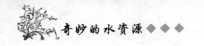

方法。

国外一些学者认为，必须对现有的水资源从利用和保护的观点进行根本的重新审核。为了避免目前在美国和西欧发生的、将来地球上其他地区也要发生的水危机，应该立即着手解决水的问题。主要措施是尽量减少向河流、湖泊和地下水排放废水及改变陆地的水量平衡。在合理利用水资源的过程中，保护水资源是预防地球上"水荒"的途径。

普遍减少并在将来停止向河流中排放废水是一项代价很高，但完全可以实现的措施。这种措施预示着会有经济效益。对提出彻底停止向河流及其他蓄水设施中排放废水问题的美国、法国、德国和其他国家的学者和专家们的建议应该给予应有的评价。

最根本的办法是建立工业企业供水的封闭循环系统，以便使废水不返回水体中。20世纪80年代，前苏联，废水排放量是供水量的1/2以上。但是，有一定数量的废水仍需要利用。特别有害的废水必须经过预先处理后再进行地下埋藏、天然蒸发或人工蒸发。如果蒸发的同时能生产出蒸汽和收集到被溶解的物质，那么蒸发成本便可降低。在一个化学纤维工厂，采用在沉淀池内处理废水的方法，避免了排放许多吨硫酸钠、硫酸等。这个工厂得到的经济效益每年超过约3.7万美元。

生活饮用和工业利用后的大量废水，可以用于土地灌溉。利用废水进行灌溉，首先，可以减少对河流、湖泊和地下水的开采量；其次，能实现通过土壤法使废水除害，以达到有效净化水质的目的。由于土壤中的微生物很多，这是最完善的方法；第三，可以大大提高农业的产量。这种灌溉土地的收获量比未灌溉土地的收获量高数倍。因此，用这种方法利用废水的费用，经过4～5年后便可收回。

部分公共生活污水经过净化后可以重复用于工业和工业冷却水。在德国的某些工业中心，这些污水从净化系统输出后首先用于工艺加工，而后用于冷却。在俄罗斯，利用各种废水供水的封闭系统最早是在工业区使用的。例如，在纸板厂完全消除了工业废水的排放，淡水需要量减少了2/3。从该厂净化系统中每年收集到近400吨以前污染河流的纤维，并重新用于生产。

　　西方一些国家在水资源保护上还存在问题，即人们通常所说的"走了一些弯路"。主要表现在：一方面是污水处理设备落后；另一方面是产生工业废水的企业往往在投产后，并且周边的自然环境被污染以后，才兴建污水处理系统等。因此，有科学根据地规划建造污水处理系统，制定废水排放的极限允许浓度和定额，对所有企业都是十分重要的。

　　提高水费是一项重要措施。捷克、斯洛伐克等一些国家的经验表明，控制公共事业需水量能使污水量及相应的污水排放量减少 1/2～2/3。莫斯科水源保护监察机构的计算表明，莫斯科每立方米水的价格为 4 戈比，只是在超量用水时价格才增到 20 戈比，而国内其他一些地区则增到 65 戈比。低价供水无助于水资源的经济利用，甚至在许多情况下不能补偿国家供水费用。

　　在灌溉中耗费了特别多的多余的水。如果这种状况能够改变，那么用水量至少会降低 1/4。在我国灌溉水的利用率只有 0.4 左右，提高灌溉水的利用率潜力很大。

　　除保护和节约水资源之外，改变陆地水量平衡（包括管理自然界中的水循环）是对解决水问题的重要贡献。这种管理的目的是靠不太贵重的河流径流（主要是洪水径流）来增加最可用的几种水资源（包括所谓的稳定的径流，即地下径流及受水库调节的径流）及土壤水分储量。这里也包括从富水区调水来保证干旱区的用水（例如，我国的南水北调）。

　　改变地球水量平衡，调节水量分配的基本措施是人工补给（储存）地下水和利用水利工程措施调节河流径流以及增加土壤水分的储量。上述措施中的后两种措施自然会引起蒸发量有一定的增加。这就表明，储存地下水比调节地表径流优越。

　　除改变自然界中的水循环之外，将靠淡化矿化水（海水和地下水）、融化冰川等办法来增加用于供水的水资源。总之，需水量的增加将对内陆水分循环产生良好的影响，能增强水分的"循环"，也能增加地球上的淡水资源。

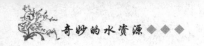
由于科学、技术及社会的进步，在不久的将来定能普遍解决水的问题。不论拟定的措施多么复杂，实现这些措施是能解决人类这一最重要的水问题的；因此，在这方面的一切努力都是正确的。

工业废水是我国水环境的最大污染源，必须予以正视。对工业污染源的治理应作为水污染防治的重点。要采取各种技术措施保护水环境质量，彻底解决已经污染了的水资源，使污水资源化。

除了积极预防水污染外，对已经污染了的水资源的治理也是不可缺少的。这些废水都需妥善治理。治理的目的是使废水的水质改善，保护水体环境不受污染，或使污水资源化被重新利用。因此，治理和预防是同样积极的措施和不可缺少的。尤其是在许多江河湖泊已经受到严重污染的现实条件下，对水污染的防治就更应受到重视。

我国水资源面临的形势与挑战

21世纪初期是我国实现社会主义现代化第三步战略的关键时期，根据国民经济和社会发展预测，以下几个因素成为水资源需求的主要驱动力。

人口增长。

2030年我国人口达到高峰，接近16亿，预测2030年城镇生活用水定额为218升/人日，农村生活用水定额114升/人日，则2030年生活用水量为951亿立方米。

城市化发展。

2030年城市化水平达到40%左右，城市工业和生活用水比例将进一步提高，农业用水基本维持现状水平。

产业结构调整。

2030年国内生产总值达到53.8万亿元，三次产业的结构调整为7.9：48.5：43.6，预测2030年工业产值达到106.8万亿元，工业重心由南向北，由东向中西部转移，加重本已紧张的北方水资源形势，考虑产业结构的调整，2030 年工业需水量达到 1911 亿立方米。

粮食安全。

在粮食立足自给的基本国策下，按人均占有粮食 450 公斤计算，人口高峰时的粮食产量要达到 7 亿吨，通过节水措施提高农业水有效利用率，农业灌溉用水维持在现状水平，每年 3900 亿立方米。

综合上述，到 2030 年，社会经济发展对水资源的需求低限达到 7100 亿立方米，在现状供水能力的基础上增加 1400 亿立方米。经专家分析，扣除必须的生态环境需水后，全国实际可能利用的水资源量约为 8000－9000 亿立方米，上述估计的用水量已经接近合理利用水量的上限，水资源进一步开发的潜力已经不大。国家防洪安全、生态安全、粮食安全，以及人民生活水平的提高和经济社会可持续发展对水资源保障提出了更高的要求。